廚房裡的飯菜香，
每個人最想吃的媽媽味料理

台灣灶咖，家滋味

巧可 圖文

目錄

前言

目錄

前言　幸福，家滋味

對於家的味覺記憶，你還記得多少？

民以食為天，食物不只是餵飽肚子延續生命，還包含了每個地方的歷史文化，以及內心深處的情感記憶。食物之所以美味，是因為食材的鮮美藉由廚藝呈現，是因為品味當下的環境氣氛合拍，透過味蕾的傳遞，好吃的味道讓我們想起了旅行中的某個片段，想起了家的滋味。

對我來說，家，就等同廚房。我喜歡和媽媽上市場買菜，走進廚房當媽媽的「水腳」（台語「二廚」）。每個媽媽都是自家大廚，我們家也不例外。媽媽影響我非常多，她拿手的家常菜，對我而言同樣也沒有任何人可以取代。

　　小時候家裡並不富裕，餐桌上的菜色總是吃得簡單，我們也不以為意就這樣被拉拔長大。沒想到，對我們來說再正常不過的一餐，看在親戚伯母眼裡竟覺得不可思議，並對我們有著無限心疼。長大後某次回老家，遇見小時候住在隔壁的伯母，她一看見我和姊姊，便開心拉著我們的手，不停稱讚我們姊妹長得亭亭玉立，而且說到「你媽媽真的很了不起」時，居然還眼泛著淚光。

　　我和姊姊被這一幕嚇呆，完全摸不著頭緒。伯母繼續說著，她說有一回在晚餐時間到我們家裡，媽媽正在廚房裡忙著。她看向餐桌上的菜色，完全沒有半樣肉料理，而是只有三盤菜……在一個孩子們都正值發育期的家庭，餐桌上怎麼能夠沒有肉！

　　經伯母這麼一說，我們認真地回想了小時候的餐桌菜色。是啊，我們家經常這樣就是一餐。然而，菜色雖然簡單，也不一定每餐有魚有肉，但是媽媽的好手藝卻補足了這一切。她煮出來的每道菜，彷彿都灑了魔法般，即便是簡單的炒豆芽或是一顆荷包蛋，都能讓我連吃好幾碗飯。

我從不覺得小時候餐桌上的菜太少，或是太寒酸。媽媽常會到住家對面的田邊，現摘地瓜葉新鮮烹炒，立刻端上桌變成香噴噴的一道菜餚，加上爸爸拿手的豬油拌飯，在熱騰騰的白飯淋上自製的豬油和醬油，輕輕攪拌即香氣四溢，伴隨著吃飯時此起彼落的歡笑聲，每一餐都讓我們吃得好開心且津津有味。我們姊妹雖然也常在餐桌上拌嘴，或者飯後心不甘情不願地被指派去洗碗，但這個熱鬧又溫暖的畫面，直到現在長大還深刻烙印在我心裡，成了難忘且美好的味覺記憶，一種對家的依戀。

　　隨著年紀增長，有一回瞥見媽媽日漸衰老，在廚房裡忙進忙出的身影，我突然湧上一陣擔心與不安。我害怕有一天再也吃不到媽媽為我們煮的飯菜，害怕沒有人叮嚀我今天是什麼節日？習俗上應該吃什麼？除了應景也要時令補身。那些被我們視為理所當然的關懷、日復一日的飯菜日常，會有一天，隨著媽媽的不在而消逝。

　　意識到這一點，我開始想要好好保留這些傳統習俗的味道，興起了記錄這些台灣菜餚，這些可能出現過在你家或我家餐桌，媽媽口中隨便煮

一煮、卻是比星級餐廳更美味的「媽媽牌家常菜」。並且透過媽媽的廚藝傳承，讓我們這一代能夠將更多節慶習俗料理、媽媽家常手路菜、柴米油鹽小智慧延續下去，讓這些味道能在每個人家裡的餐桌上繼續飄香。

另一方面，其實更由衷希望這本書，能讓我們這個世代更加理解與關心台灣的飲食習俗文化，包括重要節日的由來、跟節日相關的習俗料理，還有那些透過料理所傳承的愛。或許你跟我一樣鮮少進出廚房，也不太會做菜，但挨著媽媽一起在廚房裡幫忙，聽著她說關於每一道菜的故事，吃著她為我們煮的簡單家常，就是我心中最美好的家滋味，也是最幸福的時光。

CHAPTER 1

台灣傳統節慶料理

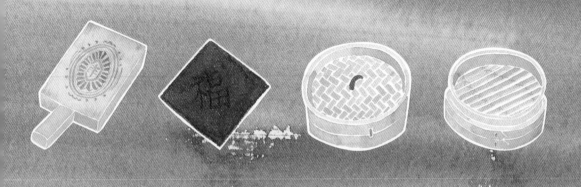

新年

長年菜與元寶

　　農曆新年是台灣最重要的節日，過年的由來是來自於炸鞭炮嚇年獸的故事，流傳到現在，雖然因為環保意識與安全問題，每逢新年就會瘋狂放鞭炮煙火慶祝的傳統已經不如早年，也令年味少了一點點，不過其他重要習俗依然保留著。

　　除夕夜這天，也就是一年的最後一天，民間俗稱「二九暝」。這天家家戶戶就開始忙不停，因為在台灣的習俗中，必須在這天到來以前除舊佈新，家裡要刷得光亮，因而有一句俗諺「大拼厝，才會富」，意指要把家裡大掃除，將裡裡外外都打掃乾淨，才會變有錢人。然後除夕夜的中午要拜地基主（土地和房子本來的主人），感謝先人給我們遮風避雨的家。但地基主不是神，所以祭拜方式也很不同，要從後門往屋內拜，因此通常都是在家裡的廚房後門，擺一小桌簡單的飯菜，往屋子裡面祭拜。而且在一年之中的四大節日（端午、中秋、冬至、新年）都必須要祭拜地基主，這是台灣特有的民俗。

　　再來到傍晚，就是重要的祭祖（俗稱拜公嬤）與晚上的圍爐。在台灣，祭祖是非常重要的民間習俗，象徵飲水思源不忘本，更傳統的人家若家中有先人的牌位，也要在每一天傍晚前祭拜以及更換茶水。通常家裡擺

放在神明桌上的，一邊是神明，一邊是公嬤（祖先），而在公嬤牌位的板子裡面，則會刻有歷代祖先的名字，哪個祖先娶了什麼名字的女生當妻子，出生及仙逝日期也會記載得清清楚楚。關於這點令我相當著迷，通常我們只知道祖父或曾祖父的名字，但在牌位上，則會一代一代地流傳下來，讓後輩子孫可以數一數自己是這個家中的第幾代。像我就是祖先來到台灣的第十七代，不過我每次都會跟媽媽開玩笑說自己比較想當富二代。

　　祭拜祖先時，媽媽會準備超豐盛的菜色擺滿兩大張桌子。一定會有品項是年糕、發糕、麻糬等甜點；年糕代表年年有餘，吃發糕才會發財，麻糬則會把錢黏住（這個很重要），而拜完的菜色就會變成我們晚上圍爐的年夜飯之一。

長年菜南北大不同

北部
長年菜完整食用

南部
菠菜連莖整株食用

　　年夜飯必吃的菜色就是長年菜，那是保佑一整年福氣順利和長命百歲的象徵。但是長年菜煮久顏色看起來不討喜，味道也帶點苦味，這道菜根本沒人欣賞。小時候媽媽還會連哄帶威嚇我們姊妹每個人最少都要吃一片，長大後，才開始慢慢能理解長年菜的美味之處，現在不用媽媽逼，我們都會喝上好幾碗。搭配豬大骨熬出來的湯頭，味道呈現自然的鹹甜，再啃掉大骨上所剩無幾、最嫩最美味的骨邊肉，心裡實在有著說不出的滿足。

　　不同於北部的年夜飯，在南部的阿嬤家，新年一定要吃的則是嫩菠菜，而且是一整株還帶點小莖的「北鼻」菠菜。將菠菜放入大骨湯裡煮熟後，連莖一起吃下肚，這樣才會福氣連連，長壽年年。

　　吃完年夜飯，我們最期待的就是炸年糕。炸年糕有很多種作法，最常見的就是年糕裹上雞蛋麵粉後油炸；另一種進階版則是包餛飩皮油炸，兩種口味我都愛不釋手。這時我們一家人就會邊看電視邊守歲，炸出來的一大盤炸年糕很快就會被消滅。

　　除了長年菜之外，新年必吃的還有水餃，因為長得像元寶的外表非常可愛，而且在新的一年吃元寶，還有金銀財寶賺滿庫的喜氣象徵。

　　我特別愛吃媽媽包的水餃，一年當中不特定時間媽媽也經常會包水餃當作家裡的存糧。只是因為我們小孩真的非常愛吃水餃，通常包完總是沒能冰超過三餐，這些餃子們就會被消滅。

　　我們家的餃子沾醬很單純，內容物有蒜末、醬油、黑醋、香油，我特別偏愛黑醋多一點的口味。記得有一回媽媽與鄰居們一起包餃子，鄰居媽媽拿出了超市最新上市的水餃沾醬，大家都覺得新鮮有趣，趕緊把餃子都下鍋煮熟，想搭配時下最流行的餃子沾醬吃吃看。餃子控的我當然

也不例外，跟著大人們一起湊熱鬧，沾了一口醬放進嘴裡⋯⋯頓時眉頭一皺，案情不單純，這哪是什麼水餃沾醬？味道說蒜沒蒜味、說醬油沒醬香，只吃到糊糊的醬膏感，無法襯托出美味就算了，還把餃子弄成怪味。自此之後，一直到長大自己也開始愛進廚房做菜，我對於任何速成的醬料都興趣缺缺，寧可辛苦一點自己調味，也不願意花錢買現成醬料回家放冰箱。

念高中時，一個人離開家鄉到台北念書，最想念的就是媽媽的水餃。有一回準備出發到火車站北上，媽媽在家門口遞了一包已經冷凍好的水

餃到我手中，一臉裝酷地說：「拿去！這是你最愛吃的。」

　　我又是感動又開心地抱回台北，當時租屋處的冰箱小到可憐，大小就如同一台窗型冷氣而已，冷凍庫的冷度更是弱到沒辦法冷凍一支冰棒。我用盡力氣把水餃冰進去，隔天放學回家，肚子餓還捨不得吃，只能望著冰箱裡那包小小的水餃「解饞」。一想到今天吃掉，明天就沒有媽媽的水餃可以吃的念頭，我就真心很捨不得，希望這份味道能陪我再久一點時間，於是只能吃著泡麵「望餃止渴」。

　　這種場景就這樣重複了四、五天，我終於按捺不住心中的鄉愁，將水餃從小小的冷凍庫挖出來。才發現，不夠冰的冰箱早就讓珍貴的水餃們糊成一團，而且還多了藍色斑點發霉了……最後，因為自己的捨不得，讓我最愛的媽媽牌水餃一顆也沒吃到。

民間趣味俚語

蝦看蝦彈，毛蟹看，噴口水。（台語）

蝦子看到倒彈，毛蟹看到都吐口水，意指令人厭惡之事或人，使人不悅。

長年菜雞湯

作法

 1. 長年菜一葉一葉洗淨，備用。

 2. 取一鍋子將水煮沸，汆燙長年菜去苦味。汆燙約 1 分鐘，撈起備用。

媽媽小智慧

過年的長年菜不能切斷，要完整的葉子。

3. 再起一鍋滾水燙雞肉，去血水。約 2 分鐘後撈起備用。

4. 鍋內放入 1800g 水、雞肉、薑片。

OK

6. 以小火繼續燉煮約半小時，以鹽巴調味，待雞肉軟化即可。

5. 水煮沸後放入長年菜。

水餃

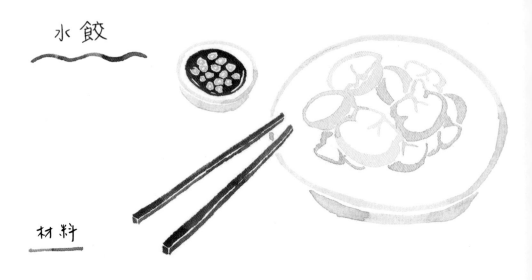

材料

高麗菜　900g，切小丁
豬絞肉　750g
鹽巴　　1 小匙（去高麗菜水用）
鹽巴　　1 大匙
白胡椒　1 小匙
香油　　5 小匙
水餃皮　2 筒
　　　　（菜市場售的水餃皮一筒約 50 張）
醬油　　3 大匙

作法

1. 取一鍋子，放入高麗菜與鹽巴，用手搓揉後靜置約 30 分鐘。

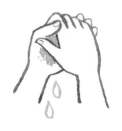

2. 靜置好的高麗菜，用手擠出多餘水分。

3. 取一鍋子放入豬絞肉、鹽巴、白胡椒、香油、醬油，拍打至有黏性。

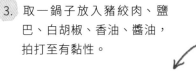

5. 取餃子皮，舀適量內餡包成餃子。

4. 加入去水的高麗菜拌勻。

媽媽小智慧

媽媽會用乾淨的絲襪，剪斷只保留腳底部位，再把切好的高麗菜放進絲襪內，就可以輕鬆的把高麗菜裡多餘的水份去掉。

25

炸年糕

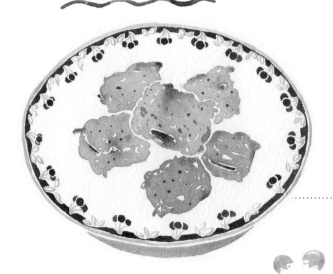

材料

年糕	250g，切成厚約 1 公分片狀
麵粉	300g
雞蛋	2 顆
鹽	1 小撮
水	400g

作法

1. 麵粉與水攪和均勻，直到沒有麵粉粒即可。

2. 再加入雞蛋，少許鹽巴攪拌均勻。

3. 將年糕放入麵糊中，充分裹勻。

4. 熱一油鍋。

5. 將沾滿麵糊的年糕，放入油鍋內，炸至金黃即可。

餛飩皮炸年糕

材料

年糕　　250g，切成厚約 1 公分片狀
餛飩皮　1 包

作法

2. 餛飩皮交疊處沾一點點水，
　讓皮能黏得更緊。

1. 取餛飩皮一張，包入年糕。

3. 熱一油鍋。

4. 將包裹餛飩皮的年糕，酥炸
　到外表金黃即可。

媽媽小智慧

油炸物起鍋前，將火侯轉大，炸一
下，可逼出食物內多餘的油脂。

元宵

鹹味湯元宵

　　過了農曆新年就是元月，也是一年的開始。古時候說夜晚是「宵」，而元月第一個十五月圓之夜，就是元宵節。人們慶祝新年的開始大地回春，於是有了在夜裡上街放煙火、猜燈謎的活動，熱鬧滾滾。元宵節還有一個重要習俗就是要吃湯圓，用糯米製成的丸子俗稱「浮圓仔」，後來又叫湯圓，因為名稱與團圓相似，便有全家團團圓圓的象徵，而過了元宵也代表這個年已過完，各行各業都回歸正軌，開始為這新的一年打拚。

　　台灣慶祝元宵南北也很不同，最常見的就是賞花燈燈會。小時候柑仔店門口都會掛滿小燈籠，有動物形狀、傳統燈籠形狀，或是討喜的龍，各式各樣琳瑯滿目的造型。每到這一天，我們都會提著燈籠去逛夜市看燈會，睡前把房間燈都關上，刻意只點著小燈籠的微光睡覺，好有過節的氣氛。

　　而在台北平溪有放天燈、台南有鹽水蜂炮、屏東六堆有客家元宵攻炮城，所以又稱為「南蜂炮、北天燈」。至於元宵吃的湯圓，則有分大湯圓小湯圓、有包餡沒包餡的。小時候我經常傻傻分不清楚，後來才知道，豪華型有包內餡的大湯圓是元宵，簡單的紅白小湯圓則是一年年末吃的。

以前我們家的元宵只有桂冠湯圓，想吃有包甜甜內餡的湯圓，一年也只有這個時間，所以要把握且珍惜這個夜晚。簡單把水煮沸之後，就丟入芝麻和花生兩個口味，因為甜湯圓甜味已經很足夠，所以湯不用加任何糖或其它調味。通常我們會一口甜甜湯圓，再喝一口湯，綜合甜膩的味道。

　　在宜蘭鄉下這個季節還是相當寒冷，媽媽會在晚餐後幫我們煮湯圓，不過每年元宵甜湯圓最多只會買兩包。我們四姊妹雖然年紀小，胃口卻非常好，每次都要搶著誰可以吃幾顆，還有吃什麼口味。小時候我最愛的是芝麻口味的湯圓，總是不捨得一口咬下，喜歡看著芝麻內餡緩慢地流出，就像電視廣告中那樣，然後才心滿意足地小口小口吃掉。

民間趣味俚語

豬腸仔炒芹菜，舞康對舞康。（台語）

豬腸炒芹菜，豬腸較大，芹菜較小，要將芹菜塞入豬腸內，有洞對有洞，意指門當戶對。

漸漸的，媽媽開始學習客家精神，也會在元宵準備鹹湯圓，而且鹹湯圓還要是在市場買素人自己手工製作的，皮才會 Q。客家鹹湯圓是高級豪華版的元宵，湯圓裡頭包的是肉餡，湯頭講究，用料豐富。

　　蝦米香菇爆香後，加入滾水煮沸，放入湯圓，再加入冬天才有、也是我最期待的冬菜之王：茼蒿菜，一碗豐富的鹹湯圓，就可以滿足的抵一餐。

鹹味湯元宵

材料

鹹湯圓	1 盒
蝦米	1 大匙（泡水備用）
蒜頭	4 顆
乾香菇	4 朵（泡水備用）
三層肉	60g，切肉絲
茼蒿	1 大把
韭菜	少許
水	1000 g
鹽巴	適量
白胡椒	適量

作法

1. 香菇、蝦米泡水。待泡軟後，
   香菇切絲，蝦米瀝乾備用。
   泡香菇和蝦米的水也要留著
   當高湯。

33

2. 韭菜切大段，蒜頭拍扁。

3. 起油鍋，先爆出三層肉的油。

4. 加入蒜頭、蝦米、香菇絲拌炒。

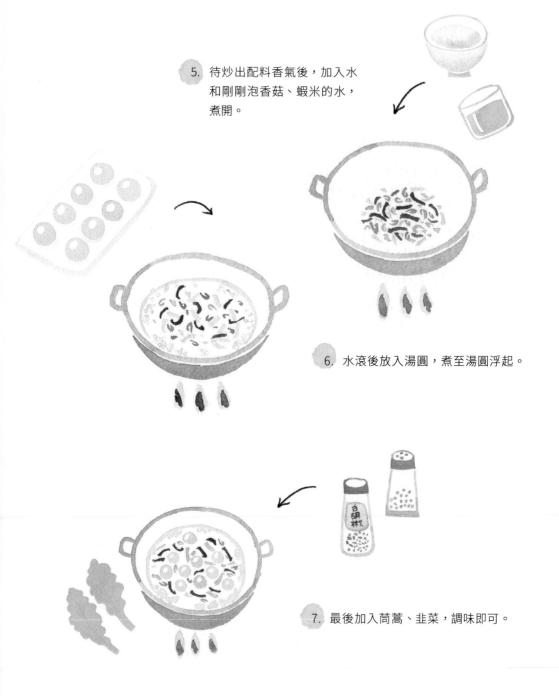

5. 待炒出配料香氣後，加入水和剛剛泡香菇、蝦米的水，煮開。

6. 水滾後放入湯圓，煮至湯圓浮起。

7. 最後加入茼蒿、韭菜，調味即可。

清明

苗栗　通霄 徐宅

包潤餅

　　清明吃潤餅是南部特有的習俗，雖然媽媽是南部人，但嫁到北部之後，清明節時並不會特別包潤餅，因此我從來不知道原來清明節有吃潤餅的習俗。一直到小學某年在清明節前後，到彰化阿姨家作客，阿姨忙著在廚房裡張羅著包潤餅的食材，沒多久餐桌上擺滿了一盤盤顏色豐富的餡料，還有一包白色餅皮，我才知道清明節有這麼有趣的飲食習慣。

　　潤餅料看似清淡簡單，但準備起來一點也不簡單。光是最基本的菜色就有將近 10 種，菜要洗要切要炒要燙，肉也要炒要擺盤，一個人包辦根本是大工程，所以總是會一家人捲起袖子一起準備。雖然買現成的潤餅很容易，但是由自家準備，愛吃什麼料、愛包多少餡都可以自己決定，吃起來特別過癮。

民間趣味俚語

七月半鴨，毋知死活。（台語）

最早習俗上 7 月半普渡都是以鴨祭拜，鴨子不懂人間習俗還在大街上晃，不知道自己下一步就要被宰，形容人沒有警覺之心，大難臨頭都不知道。

潤餅南北大不同

北部
內餡多加入紅糟肉、煎蛋、花生粉，
口味清淡

南部
內餡多加入滷肉、花生粉糖，
口味偏甜，嘉義口味更會加入
美乃滋

　　潤餅製作方法也很有趣，南部人喜歡買現「擦」的餅皮，總是會趁著凌晨天未亮就去市場排隊買餅皮，中午即可包上一捲捲新鮮的潤餅料來享用。而為什麼說潤餅皮是用擦的不是用煎的或烤的？原因是潤餅皮和一般餅皮的製作方式很不同，店家會把傳統炒鍋翻面，讓凸凸的鍋底掛在爐子上，手上捏著一團白白像是史萊姆滑來滑去狀態的麵團，輕輕地擦在鍋屁股上，不一會兒，餅皮就馬上乾燥即可拿下完成一張潤餅皮。

　　一片薄到透光的潤餅皮，可以包入任何你喜歡的內餡，而且因為內餡通常都非常豐富，所以大家總會一次用兩張餅皮，包入蛋絲、高麗菜絲、豆乾、肉、豆芽菜、紅蘿蔔絲、小黃瓜絲等等，看各家準備的餡料豐富度而定，但最重要的主角是，最後一定要撒上一大匙花生粉糖才夠味。通常我都會撒三大匙，而且得吃個兩捲以上才會飽足。

　出社會後認識住在嘉義的朋友，才知道原來嘉義人吃潤餅，裡頭包的除了熟知的菜色肉絲料之外，還會包入油麵，而且更特別的是要加入白醋，也就是美乃滋醬，然後再撒上滿出來的花生粉糖，這種吃法完全正中我心。

　其實清明節吃潤餅的習俗，最早是因為二十四節氣之一的清明節前一天為寒食節，所謂寒食，就是要吃冷食，所以大多會在前一天準備好所有食物，寒食節當天則不開伙，直接吃冷食。後來因為寒食節和清明節日期太相近，久而久之就演變為清明節時吃潤餅的傳統習俗。

包潤餅

材料

高麗菜絲	紅蘿蔔絲
蛋皮絲	芹菜
雞肉絲	小黃瓜絲
紅燒肉片	香菜
豆乾	花生粉糖
蝦仁	潤餅皮
香腸	

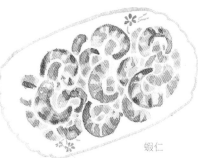

蝦仁

紅蘿蔔絲

豆芽菜

芹菜

紅燒肉片

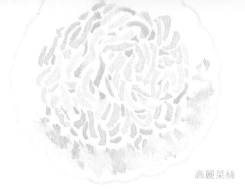

高麗菜絲

小黃瓜絲

豆乾

香腸

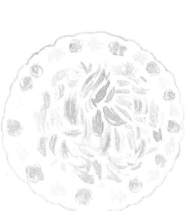

雞肉絲

花生粉糖

潤餅皮

42

香菜

蛋皮絲

作法

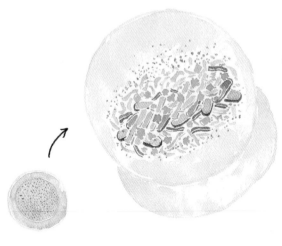

1. 拿兩張潤餅皮,撒上第一層花生粉糖,再依序將喜歡的餡料鋪上。

2. 最後再撒上一匙花生粉。
(依個人喜好斟酌)

3. 餅皮由下往上捲,再將兩端餅皮往內折,最後滾一圈就完成。

端午

宜蘭　七張 林宅

包粽子

端午節俗稱「五日節」，是每年農曆的五月五日。有一說古時候農曆五月五日是個不祥之日，也被稱為惡月惡日，因為過了端午才會正式進入夏天，在端午前春夏交錯的季節氣候炎寒不定，進入夏季之後則容易滋生蚊蟲，使人容易生病。而古人認為疾病就是瘟神降臨，於是要在這一天驅邪避瘟。

在這天，家家戶戶會在門上掛上艾草、香茅、榕葉。艾草有驅除蚊蟲功用；香茅因外型如利劍，象徵可斬妖除魔；榕葉則可避邪。小孩則會掛上紅色繡有傳統圖騰的小香囊，裡頭放著丁香或任何帶有香氣具有驅蚊避穢的天然藥物，也是作為驅除瘟疫的。

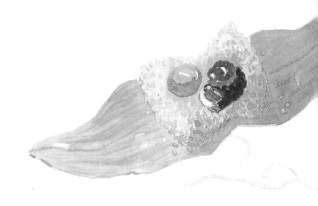

　　而吃粽子的由來，是因為要紀念忠臣屈原，於是人們將米飯包入竹葉，投至江水給魚蝦吃，希望魚蝦別吃了屈原的身軀。

　　雖說媽媽是南部鄉下長大的孩子，但包的卻是北部粽。因為嫁得早，所以粽子是婚後在北部和鄰居媽媽學的。因為口味好，媽媽的粽子在鄰居朋友間傳開，每逢端午節前，就會有一堆親朋好友的粽子訂單。後來，媽媽為了能增加家裡收入，在市場賣粽子一段時間。那時候我們經常要在熱辣辣的夏天，幫忙處理大量的粽葉清洗，媽媽總是一個人在廚房忙得滿頭大汗，手指也因為勒緊棉繩而長出厚厚的繭。原本愛吃粽子的我們，在那段時間卻成了我們最厭惡的粽子惡夢期。

　　每年端午，媽媽一定會親自製作粽子，因為端午這天，要祭拜的還真不少，祖先要拜粽子，土地公也要拜粽子，還要應付一家子的肚子。

　　包粽子是一項非常繁瑣的勞力活，卻是老祖宗留下來最美味的傳統美食之一。除了前置作業很麻煩，炎炎夏日窩在廚房工作，也很考驗一個人的耐熱度，尤其最後程序「蒸」，熬過就成功了。

有鹹的粽子當然也有甜的鹼粽，我特別愛這種ＱＱ軟軟像麻糬口感的甜點。鹼粽台語又唸「粳粽」，粳是鹼的台語發音；鹼粽本身沒有味道，只有Ｑ軟的口感，製作方法很特別，需要添加特別的化學藥劑「鹼水」。鹼水是一種清澈的透明液體，腐蝕性非常強，製作時只需要加入一點點即可與糯米起化學作用，並且千萬喝不得，因強酸會腐蝕食道，造成生命危險，所以請切記放在孩童不易拿到的地方。

　　現今購買鹼水相當方便，但在古時候，鹼水是用稻草梗燒成灰後，溶於水中，等灰都沉澱了，就會變成最天然的鹼水。使用鹼水是為了讓糯米在短時間內糊化，鹼水會破壞澱粉分散，加入鹼水的糯米受熱後開始進行糊化，澱粉快速膨脹吸飽水分，最後變成一塊ＱＱ的物體，連米粒也看不到。

　　包鹼粽時，媽媽喜歡用新鮮竹葉來包，因新鮮的竹葉較小，包起來的鹼粽小小一顆，金黃色像是粉粿般的外觀，相當討喜。而包的過程，還要特別注意因為是用生米水煮，所以必須要在粽子裡預留糯米膨脹的空間，通常餡料只會包約７分滿，綁棉繩時只要米粒不會掉出來即可。拿起剛包好的鹼粽搖一搖，聽得見沙沙沙、有空洞的聲音準沒錯。

對於沾鹼粽的糖水，媽媽也不馬虎。她會特別熬製一小鍋帶有黏稠感的糖水，使用的材料是二砂糖。二砂糖帶有蔗糖的香氣，熬煮後帶點焦化的味道很是迷人。在炎炎夏日從冰箱取出小小的鹼粽，淋上有點稠又甜滋滋的糖水，真是夏日裡最令人期待的消暑點心。

　　至今我們都長大各自外出工作生活，但媽媽依舊還是會在端午包粽子，因為這是一年一次的重要節日，因為那是我們最喜歡吃的傳統佳餚，也因為這樣才有過節的氣氛，所以媽媽從不喊累。不管每年再怎麼忙，我都會抽空回家幫媽媽的忙，和她一起在炎熱的夏天，窩在廚房裡忙進忙出。雖然每次都只能擔任「水腳」（台語）的角色，還總被嫌棄包得醜，被嫌棄擋路，我還是樂此不疲，享受媽媽的手藝粽葉香。

民間趣味俚語

洗午時水、無肥也會水。（台語）

另外還有一說，據說在這天喝下正午水，或是用正午水洗臉，就會變漂亮喔！這天媽媽都會跟鄰居拿一些山泉水給我們洗洗臉擦身體，難怪我們姊妹各個長得水噹噹又逆齡（笑）。

南北粽大不同

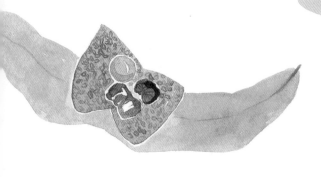

北部粽

粽葉：使用黃褐色、有咖啡色斑點的桂竹葉。也有使用麻竹葉，綠色葉子顏色比較漂亮。

糯米：會與油蔥酥爆香過。

內餡：先調味滷過。

煮的方式：北部粽以蒸籠蒸熟，米粒比較分明，所以許多人會說北部粽比較像包裹葉子的油飯。

南部粽

粽葉：使用月桃葉，有股特殊的香氣。

糯米：直接使用生糯米。

內餡：調味後稍微煮熟就可以，大部分會加入整顆花生。

煮的方式：以水煮為主，米粒較有黏性。因為味道比較淡，通常會在食用時，加一些油膏或是花生粉。

甜粽

又稱鹼粽，米粒先用鹼水泡過才使用，個頭非常小一顆。

粽葉：使用新鮮的竹葉，呈現鮮綠色。

內餡：大部分沒有內餡，有些會加入紅豆。

煮的方式：水煮為主。

包粽子（肉粽）

材料

長糯米　1 斤
三層肉　1 斤 切塊狀
香菇　　約 20 朵
紅蔥頭　200g 切小片狀
蒜頭　　60g　切小末
鹹蛋黃　依個人喜好

滷肉調味

白胡椒 10g　五香粉 10g
醬油 2/3 杯

糯米調味

白胡椒 30g 五香粉 20g

包材

粽葉（麻竹葉）
棉繩

作法

1. 糯米洗過泡水備用，粽葉清洗後備用。

2. 爆香紅蔥頭酥，用切剩的豬油把油爆出來，油量需要非常多，加入切好的紅蔥頭爆香，炒至金黃為止，備用。

3. 起一鍋新的油鍋，煸香豬肉，再放入蒜頭炒香，用醬油、五香粉、白胡椒、少許水，稍微滷入味，再移入電鍋中燉約 30 分鐘。

4. 香菇另外油炸後，拌入燉好
   的滷肉，備用。

5. 用滷肉剩餘的油，加入爆香
   的紅蔥頭酥，倒入糯米拌炒
   均勻。

媽媽小智慧

香菇炸過，才不會吸入過多的鹹味，
讓味道變死鹹。

6. 糯米用白胡椒、五香粉調
   味，炒至半熟狀態後起鍋
   備用。

粽子的包法

1. 粽葉一大一小，小葉放內，尖端往內，光滑面朝上。

2. 三分之二的位子往下折。

3. 往右打開，記得留一點折角，米飯才不會掉出來。

4. 折成漏斗狀。

5. 先填入糯米，再依序放入內餡配料，最後再鋪上一層糯米。

6. 左手按壓填好的粽子，以防形狀跑掉，右手將粽葉合起。

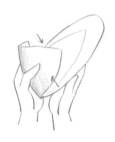

7. 粽葉合起的同時，將右手兩邊的葉子，包覆整個粽子。

8. 將兩邊角落壓緊，完整將粽子包覆。

9. 剩餘的粽葉，往下折。

10. 折好的樣子。

11. 棉繩在粽子中間捆兩圈，捆緊，捆出漂亮的腰線。

12. 打一個死結一個活結，就完成了！

7. 蒸籠底部的水燒開後，將包好的粽子浸入水底，來回約 3 次，讓每顆粽子都泡到水。

8. 將粽子移到第二層的蒸籠上均勻平鋪，確保受熱平均。大火蒸 50 ～ 60 分鐘，檢查是否熟透後取出放涼即完成。

包粽子（甜粽）

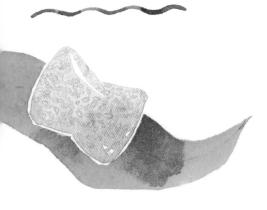

材料

圓糯米　1 斤
鹼水　　20g
沙拉油　少許

包材

新鮮竹葉
棉繩

糖漿

二砂糖　250g（二砂有特殊的蔗糖香）
水　　　100g

作法

1. 糯米洗淨泡水約 1 小時備用。

2. 竹粽葉洗淨備用。

3. 將糯米水倒掉，倒入鹼水與少許沙拉油（糯米會呈現淡黃色狀），拌勻放置約 1 小時。

4. 鹼粽包法與肉粽相同，粽葉折成一個斗笠狀，放入鹼水糯米約 7 分滿，棉繩不需捆綁過緊，米粒不會掉出即可。鹼粽是用生米下水水煮，所以需要預留膨脹空間。包好後搖一搖鹼粽有沙沙聲，代表裡面有空間。

5. 包好的鹼粽放入滾水，水需要能淹過鹼粽。水裡放入約 2 大匙的沙拉油（分量外）。

6. 以大火煮滾後轉中小火，煮約 3 ～ 4 小時。依個人喜好的軟爛程度斟酌，水煮過程中，水量若蒸發可再加水確保水淹過鹼粽。

7. 起鍋後放涼，即可放入冰箱。

糖漿作法

1. 將二砂糖與水放入鍋內，大火煮沸後，轉中小火持續熬煮，過程輕晃鍋子避免糖結塊或燒焦。

2. 熬製水分約少一半，糖水變濃稠即可。放涼後的糖水會更濃，若持續煮過頭水分蒸發會變硬。

七夕

麻油雞

農曆的七月七日：七夕，是悲情戀人牛郎織女，一年一度能相見的日子。傳說中，民間有一位善良的男子名為牛郎，由於父母早逝，於是他與兄嫂一起生活。卻因為嫂嫂貪婪，逼迫兄弟分家，而將房子田地都佔為己有，只留下一隻老牛給牛郎。不過這隻牛可不是普通牛，牠是一隻由金牛星所變的牛隻，金牛見善良的牛郎被如此欺壓，於是告訴他，某一天會有七個仙女下凡到湖裡洗澡，牛郎只要偷走一件衣服，那件衣服的主人仙女就必須嫁給他為妻。於是牛郎在這天依照金牛所說，真的偷走了七仙女中的一件衣服，而且是最小的仙女織女的衣服。

織女見牛郎如此純樸善良，於是答應以身相許，而且牛郎與織女非常相愛，生了一雙兒女在人間過著幸福美滿的生活。過了一段時間金牛也老死了，金牛死之前，要牛郎將牛皮留下，日後會對他有幫助，於是牛郎便聽從，留下了牛皮。

聽見織女跑去人間當媳婦，織女的阿嬤王母娘娘大怒，到人間帶走織女飛上天。牛郎此時想起了他有金牛皮，便披上牛皮攜著一雙兒女飛天

追了上去。眼看就要追上了，王母娘娘硬是手往前一揮，眼前出現一條波濤洶湧的天河，將牛郎與織女分開。喜鵲看見了，不忍心相愛的兩人無法在一起，便搭起了一座橋讓牛郎能渡河會織女。後來王母娘娘也心軟，允許這對苦情戀人一年能見一次面，於是有了七夕這個節日的傳說。

雖然是緣起於悲情戀人牛郎與織女，不過七夕其實不是情人節，嚴格說來更像是商人的伎倆。其實七夕比較像是台灣的女兒節，民間相傳織女聰明美麗、手藝靈巧，於是在這一天便可向織女乞巧，希望家中女兒聰明伶俐有一雙巧手，而乞巧後來也演變成七巧節。

牛郎與織女見面的這一天，媽媽會準備香噴噴的麻油雞拜拜。媽媽做的麻油雞一定堅持一滴水都不加，雞肉還要是當天早上市場新鮮現宰。早上從市場回來後，媽媽就會開始忙著煮麻油雞和午餐，下午還要防著我們偷吃麻油雞。到了傍晚日落前，在家門口放上桌子，上面會擺放麻油雞和水果供品及鮮花、刈金和婆姐衣。婆姐衣是畫有花紋的桃紅色紙張包覆黃紙，象徵衣服和布料；桌子底下擺著一盆水、鏡子、毛巾、一

盒胭脂。其實這些不是拜牛郎織女，而是拜「七娘媽」，七娘媽是包含最小織女的七仙女，民間流傳家中有小孩的家庭，拜七娘媽可以保佑孩子「好搖飼」（台語「好照顧」）。

這天除了是牛郎織女的約會日外，還有個重要的儀式：拜床母。媽媽會在主臥門口擺上小桌子，上頭有簡單的飯菜，以及一碗麻油雞腿，朝著床祭拜，形成樓下大門拜神，樓上房間拜床的詭異情景。

小時候不太懂這是什麼儀式，只覺得媽媽拜床好奇怪。以前總是聽說拜神拜祖先，怎麼還會有拜床？想問又覺得可怕，很怕問出什麼驚人的情節，只好乖乖媽媽說一動我們做一動。

後來回想，媽媽以前也曾當保姆帶小北鼻，當小北鼻睡著時偶爾會露出可愛滿足的笑臉，媽媽就會說「哎呀，床母在逗她笑了」；或是看到小北鼻屁股一小塊胎記，就會說那是「鳥母仔」做記號，所以我猜測，這就是所謂的床母。因為床母在宜蘭又稱「鳥母仔」，是兒童的守護神，每年的這個時候也要祭拜祂，感謝祂讓孩子們健康平安長大，白天精神奕奕，在夜裡能夠睡得安穩。

麻油雞

材料

全雞	1 隻，切塊
薑	170g，切片
麻油	10 大匙
紅棗	適量（依個人喜好）
砂糖	1 大匙
料理米酒	3 瓶
鹽巴	1 小匙

作法

1. 熱鍋，加入麻油和薑片，炒出香氣。

2. 加入雞肉煸炒約 5 分鐘，至
   雞肉表面金黃有香氣。

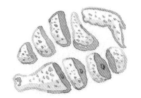

3. 加入紅棗拌炒。

民間趣味俚語　　**拚贏雞酒香，拚輸 6 塊枋。（台語）**

傳統生產後做月子，總是會用麻油雞來幫產婦養身子。早年醫學不發達，生孩子
都是拿命跟上天比拚，因此意味順產了就聞得到雞酒香味，難產了可能只剩下棺
材一副（棺材共有 6 片木頭組成）。

4. 取一鍋子，倒入所有米酒，
開火稍微將酒味煮開。

5. 將炒好的麻油雞倒入米酒鍋
裡，繼續燉煮約 30 分鐘。

6. 加入鹽巴、砂糖調味。
※ 若不怕酒味，可直接將米酒倒
入炒好的麻油雞裡燉煮。

媽媽小智慧

冬天的麻油雞可以熱油之後再炒香薑片，
屬性偏燥，適合寒冷的冬天。而夏天的麻
油雞則要在冷油時就開始炒香薑片，這樣
麻油雞才不會太過燥熱喔！

中秋

炸芋丸

中秋節是月圓人團圓的節日，也是中國人相當重要的一個節慶。相傳嫦娥是后羿的老婆，后羿射下九個太陽後，玉皇大帝賞了不老仙丹給后羿，因為后羿的徒弟覬覦仙丹，嫦娥被迫吞下所有仙丹後身體輕飄飄飛上天，但嫦娥捨不得后羿，於是停留在最靠近地球的月亮，長居於此。外出返家的后羿得知後相當難過，便在農曆 8 月 15 日這天，宴席對著月亮與嫦娥團聚。於是此後中秋節月圓之日，也有寄託思念故鄉與親人，團聚的含義。

早前的中秋節大家會聚在一起賞月吃月餅，象徵團圓，吃柚子來保平安。之後某個烤肉醬廣告問世後，中秋這天台灣人便好像約定俗成似的，一定會烤肉賞月，也算是一種另類團聚的好活動。

農曆 8 月正逢芋頭產季，芋頭音似「余頭」，於是在中秋節這天吃芋頭還有討好彩頭，好日子有富餘之意。

我們家通常在大節日或是宴客時，才會出現這一道點心炸芋丸。這是媽媽的拿手菜，更是我們心中排行第一愛的食物，每次知道媽媽要做這道料理，我們四姊妹總是會誇張地歡呼，開心地自告奮勇幫忙。但是這道菜不容易製作，工序繁複，小時候的我們根本幫不上什麼忙。加上芋

頭皮容易讓手發癢， 還要趁熱時將豬油拌在芋泥中，這些都不是小孩子能輕易幫的活。我們最能幫上忙的，就只有把芋泥搓成圓圓的長條狀，然後一邊搓一邊不停地偷吃鹹甜鹹甜的芋泥餡，然後裹上蛋液，再滾一圈麵包粉，交給媽媽去油炸至金黃。通常炸好的第一、二盤，都會很快地被我們吃光，媽媽總是要生氣地制止我們不准再吃，否則她的餐桌上就會少一道菜來招待客人。但往往都是餵飽了我們這些小鬼頭，才能確保晚餐請客的餐桌上還有炸芋丸留給客人吃。

長大後，炸芋頭的味道還是令我念念不忘，雖然坊間有許多知名、總是大排長龍的炸芋丸店家，但實際吃過之後，發現這些店家的芋泥餡大多都添加了一些粉，讓芋丸更容易成形，相對也減少一些成本，很少能吃到像媽媽這麼真材實料的炸芋丸，不禁也讓我對這道菜更加懷念。

民間趣味俚語

偷著蔥，嫁好郎；偷著菜，嫁好婿。（台語）

在中秋這天去偷拔蔥，將來就會嫁個好人；偷菜，就能嫁個好先生。

炸芋丸

材料

分量大約可完成 30 顆，1 顆 25g

芋頭	1130g
糖	90g
豬油	40g
太白粉	1 大匙
蛋黃	4 顆
麵包粉	

作法

1. 芋頭去皮後，切成直式薄片，放入電鍋，外鍋放入大約 300g 的水，蒸熟。

2. 趁熱加入糖、豬油、太白粉快速攪拌均勻,有些大塊芋頭攪不爛沒關係,反而能增加口感。

3. 放涼後,搓成一顆 25g 的的橢圓形。

4. 芋丸沾滾蛋黃液後再裹麵包粉。

5. 熱油鍋。

6. 以中火快速炸至表面金黃即可。

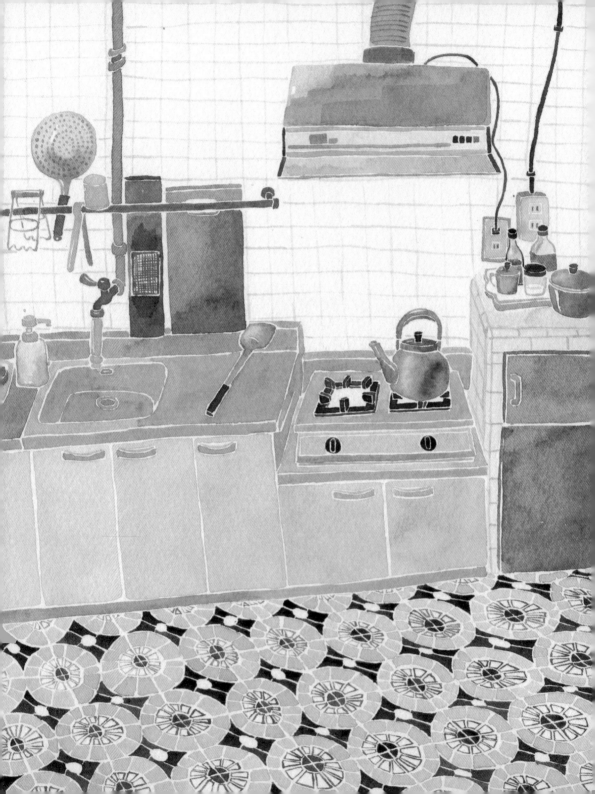

補冬

麻油糯米雞飯

中秋過後就是秋天轉冬天的季節。每年到了補冬時節，媽媽會在前幾天打電話要我們回家吃飯，因為這天是一年之中很重要的補身日。所謂補冬，也就是二十四節氣中的立冬，立冬是預告著秋後冬藏，天氣將會漸漸寒冷。

早期飲食不如現在豐富，農耕人家忙了一整年的活，為了犒賞自己，會在這天進補，吃些能讓身體去寒強健的食物，如薑母鴨、麻油雞這類料理，這樣身體才能對抗即將到來的寒冷冬天，健康地過完這一年。

在我們家，媽媽是用麻油糯米雞飯來幫我們補身。能夠一次吃到香香油油的雞肉和充滿酒香的糯米飯，Q 彈的每一口都令人好滿足。不過，只可惜一隻雞只有兩隻腿，因此我們四姊妹常常都會上演雞腿爭奪戰。

現在的便利時代，即便補身美食選項多到琳瑯滿目，媽媽依然會準備新鮮現宰的雞，依照傳統習俗在這天為我們補身。以前的生活環境不如現在富足，要吃雞肉總是需要等到特別的日子才吃得到，不像現在上餐館就能輕鬆吃到各種雞肉料理，但媽媽總是以一貫的嚴格把關品質，幫我們挑選最好吃的雞肉來料理。雖然市面上有許多標榜放山雞的雞肉產

品，但實際上肉質卻軟爛沒口感。真正好吃的雞肉，是連雞胸肉都不顯柴，帶有 QQ 的韌度，愈嚼愈香，而這也是長大後我才懂得欣賞的美味。

　米飯吸飽雞油、麻油和米酒的香氣，在微冷的天氣裡，一家人一起鬧哄哄的吃著，簡單卻無比溫暖。媽媽的手作麻油糯米雞飯，肯定能讓我們帶著滿滿元氣，對抗寒冬。

麻油糯米雞飯

材料

糯米	370g
雞肉	半隻約 550g，切塊
薑	88g，切片
麻油	40g
米酒	半瓶
鹽巴	1/2 或 1/4 小匙（視個人口味斟酌）
水	1/3 碗

作法

1. 熱鍋，加入麻油、薑片煸炒至有香氣。

2. 加入雞肉煸炒至表面金黃。

3. 加入糯米拌炒均勻,倒入
半瓶米酒,加入鹽巴。

4. 將材料移置內鍋,加入
1/3 碗的水。

5. 將內鍋放入電鍋,外鍋加
250g 的水,待電源跳起,
糯米熟透即可,將材料蒸
熟即完成。

冬至

甜甜的紅白湯圓

　　冬至是一年當中，日照最短的一天。因為白天最短夜晚最長，在古時候被視為相當重要的節氣，甚至好比過年，於是有一說「冬至大如年」，也有亞歲的別稱，在這天吃湯圓有添歲的意涵。冬至的湯圓俗稱冬節圓，要做紅、白兩色；早期會將拜過祖先的圓仔黏在門窗或床櫃上，據說乾燥後的冬節圓，給孩子吃能保佑小孩平安健康長大，由此也可見早期的生活相當不容易，民間許多習俗信仰都與保佑孩子平安有關。

　　我們家的冬至湯圓很簡單，只有甜湯和紅白色的湯圓，不加其他配料，味道卻很好吃。不知道為什麼，自己煮的湯圓，總是不如媽媽煮的湯圓Q彈。媽媽煮的湯圓特別Q，一口一口咬著會有麵粉的香氣，再喝上一口甜湯，融合在嘴裡的味道好香甜。

　　小時候冬至的夜晚，媽媽會在飯後煮湯圓給大家吃，每次我們姊妹都只想吃討喜的粉紅色湯圓，直接跳過白色湯圓，然後就會被媽媽斥責：「兩個顏色都要吃，不能挑！」據她所說，其實冬至吃的湯圓叫做「金銀湯圓」，不能叫紅白湯圓！

媽媽還會說：「每個人幾歲就要吃幾顆喔！」哇！那我 10 歲可以吃 10 顆，那阿嬤不就可以吃好多好多？小時候真心羨慕可以吃很多顆圓仔的阿嬤，因為我也好想吃好多顆。可是媽媽又會說：「吃了湯圓就代表你又多 1 歲囉！」接著我們幾個孩子就會因為不想長大而又開始爭吵：「才沒有咧，明明就還沒有過年啊，我才不要現在就長 1 歲。」每當回想起這段記憶，我們總是會覺得小時候的自己非常好笑。

　　農民曆（陰曆）是偉大又神秘的古代曆法，經過上千年的演化至今，要不是因為氣候變遷，這些曆法至今還是相當神準，也具有重要的歷史習俗意義。

　　小時候真的不懂，為什麼吃湯圓後就要多 1 歲，不是要過年才算 1 歲嗎？尤其媽媽的日子總是過得比別人快，每次跟親朋好友介紹我們的歲數，總是會比實際多上 1 歲。例如明明姊姊大我 2 歲，但她總是說姊姊大我 3 歲。媽媽的農民曆算法，常常都很困擾我們，一直到長大我才搞清楚姊姊的真實歲數。因為姊姊是農曆年尾出生，在國曆來說卻是新的

一年開始，因此會有一出生就莫名多 2 歲的算法。但我也不得不佩服媽媽的記憶，因為她永遠記得我們四姊妹每個人的農曆生日，不會搞錯，這一點對我來說覺得很是神奇。

 **民間趣味俚語**

巴郎ㄟ豆釘夾肉來起搭給。（台語）

從別人的桌上夾肉餵婆婆，比借花獻佛還更沒誠意孝敬婆婆。比喻捨不得自己花錢，拿別人的東西給長輩，外表看似有心，其實背地裡沒心只想敷衍了事。

紅白炸湯圓

　　台灣習俗中，還有一個特別的日子可以吃到紅白湯圓，那就是在結婚迎娶時。這天當新郎抵達新娘家迎娶，過關斬將後，進入屋內，媒婆就會準備好甜湯圓，給新郎新娘食用。甜湯圓意寓金銀財寶帶給新人未來生活好兆頭，也有吃甜甜生兒子的用意，並且會讓大家一起享用，分享新人的喜事。現今結婚迎娶通常在宴會廳或飯店裡進行，於是也演變成婚禮喜宴上一定會出現的炸湯圓菜色，來跟大家分享這椿姻緣的喜悅。

甜甜的紅白湯圓

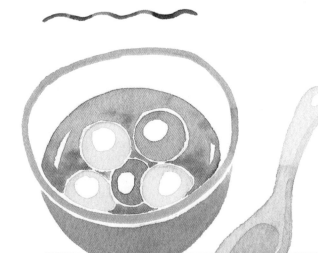

材料

菜市場的手工湯圓	1 包
二號砂糖	40g
水	400g

作法

2. 倒入水（要小心蒸氣），待水滾轉小火，熬煮一下，讓湯頭變得有點稠狀，甜湯香氣更佳。

1. 取一鍋子，倒入砂糖乾炒至砂糖微焦。

3. 另取鍋子，倒水煮至沸騰。

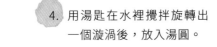

4. 用湯匙在水裡攪拌旋轉出
一個漩渦後，放入湯圓。

5. 待水滾，湯圓都浮起來就
好囉。

6. 舀適量糖水，加入湯圓即
可食用。

媽媽小智慧
湯圓和糖水分開煮才好吃。

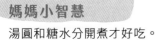

閏月

新北　三重 林宅

吃豬腳

　　媽媽從不忘記我們四姊妹任何一位的生日，畢竟這也是她的母難日。雖然小時候並不富裕，但每次有人生日，爸媽還是會為我們準備大家最喜歡的鮮奶油蛋糕，有時還會附上鹹酥雞和紅蛋。在晚餐過後的宵夜時間，我們常上演搶食記，邊吃邊笑鬧分享，最後沒吃完的蛋糕就變成隔天的早餐或點心。

　　長大後媽媽依然會在我們農曆生日的當天撥電話給我們說：「今天是你的農曆生日喔，有空就回家吃個飯。」我印象中有一次，媽媽還撥電話告訴我：「幾年前的今天這個時候，我正挺著足月的大肚子準備去麵攤吃麵，然後再去婦產科報到，過幾個小時後，你就出現了。」媽媽的逼真描述，讓我覺得時空彷彿倒轉了一般，我旁觀見證了自己來到世界的一刻，也覺得媽媽的活潑童心好好玩，讓人真心喜歡。

　　小時候的生日蛋糕，長大後媽媽改為我們準備豬腳麵線來慶生。台灣習俗中，在生日當天吃豬腳麵線，是祝福也有長壽健康的寓意。不過這大部分用在年長的長輩身上，但媽媽可能也希望孩子們能長壽健康，所以才開始為我們準備豬腳麵線吧。

台灣還有另外一個習俗會吃豬腳麵線，那就是在農曆閏月。俗語說「三年一閏，好歹照輪」，意為風水輪流轉的意思。在民間習俗中，閏月是多出來的月份，也有一說是每隔三年遇上閏月時，出嫁的女兒為父母準備豬腳添壽，祈求父母身體健康平安順利。古時候女兒出嫁就像是潑出去的水，除了過年初二回娘家，一年中幾乎無法孝敬父母，而閏月是多出來的月份，於是在這個月份就有合理的藉口理由，提豬腳回家給父母添壽。幸好現今社會女性主義抬頭，即便是嫁出去的女兒，不需要任何理由藉口，也能隨時回娘家探望父母親，跟以前卑微的女性比起來，現在我們真的幸福許多。

民間趣味俚語

九月烏（烏魚），卡好食豬跤箍。（台語）

九月是烏魚最肥美的季節，也是一年中第一批的烏魚漁獲。若是漁獲量大，今年就能過好冬。因而有吃九月烏魚補身，更勝過吃豬腳的俗諺。

不過，為父母準備豬腳添壽也是有訣竅的。如果雙親健在，豬腳則需要一隻前腳、一隻後腳，或是兩隻前腳。若父母只剩下一方，則只需要準備一隻前腳，而且一定要是完整的一隻腳喔，要特別記住。

吃豬腳

材料

豬腳	1 隻，約 1200g
蒜頭	45g
辣椒	1 條
醬油	1 碗
烏醋	半碗
冰糖	1 大匙
沙拉油	3 大匙
水	水量可淹過食材

作法

1. 豬腳洗淨，取一滿水鍋子煮
   沸，放入豬腳將表面燙熟，
   撈起備用。

2. 熱鍋加入沙拉油。

3. 加入豬腳煸炒至表面金黃。

4. 加入蒜頭與辣椒炒至有香氣。

5. 再加冰糖、醬油、烏醋、水。

6. 大火煮沸後，轉小火繼續燉煮至豬腳軟爛，約 1 小時。

紅蛋

材料

雞蛋　　　　　5 顆
食用紅色色素　1 包

作法

1. 電鍋內鋪上兩張沾濕的廚房
紙巾，將雞蛋平均放入。

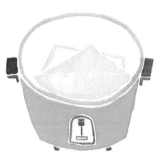

2. 蓋上鍋蓋按下開關。待電源跳起，再悶 5 分鐘。

3. 取出雞蛋泡入冰水中。

4. 取一鍋食用水，水量要能淹過雞蛋，加入紅色素調開，加入雞蛋泡一下染上色。

5. 若想要雞蛋紅一點，可以將紅色素水調濃一點。雞蛋上色即完成。

花雕酒與女兒紅

　　古時候的人家，若是生了女兒，便會在彌月之時釀酒埋於地下，直到女兒出嫁那天才拿出宴請賓客，稱為女兒紅。早年要養大一個孩子不容易，若是女兒不幸夭折早逝，便是花朵凋零，稱為花雕酒。花雕酒是黃酒的一種，而其實花雕酒真正的由來，是因為將酒釀在刻有精緻花朵圖案的瓶子內，所以叫做花雕酒。

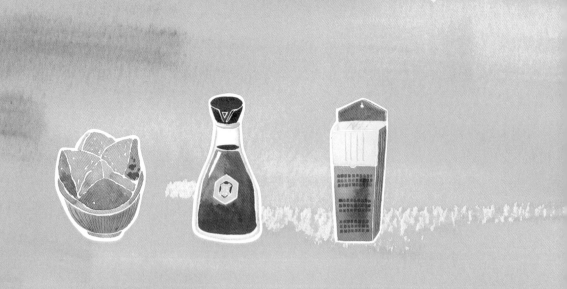

CHAPTER 2

菜市場巡禮・我家餐桌一日三餐

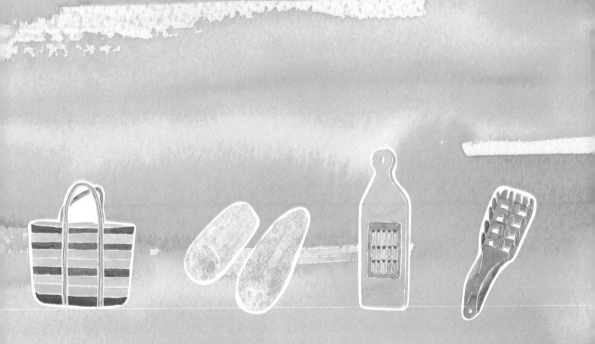

菜攤

韭菜炒蛋

　　每年暑假，媽媽會把我們丟回旗山外婆家放羊 2 個月，記得小學四年級那年暑假只有我和兩個妹妹回去外婆家，姊姊沒有同行。外婆以前是果農，兒女長大後不務農了，但老人家還是在住家附近闢了一塊小田地種種菜，度過閒暇時光。

　　外婆最愛收集年紀最小的妹妹尿液，和小阿姨養的兔子糞便、尿液，來當作施肥的肥料。小時候心裡總會覺得阿嬤好噁心，但桌上的青菜我們還是都吃個精光。沒事做的時候，我們還會去外婆的小田地裡幫忙抓綠色菜蟲，抓了一隻丟地上踩扁，然後得意洋洋地看誰抓最多隻。小時候不知哪來的天真勇氣，現在要我再抓一次軟軟扭來扭去的菜蟲，我寧死不屈。

　　這個暑假外婆有了新的工作，而我也有了新的任務降臨。外婆總是早早就出門去小田地忙活，等我睡飽飽下樓之後，會看到客廳放了一個大臉盆，裡面放了滿滿的綠色青菜，外婆說這些是韭菜，要全部挑乾淨。她一邊說明一邊教我，枯爛的外葉和前端枯黃的葉子要挑掉，韭菜整株

要挑得乾乾淨淨、油綠綠才行。看我挑了幾株，算是合格之後，外婆就起身忙別的去了。

　　這時我這才驚覺，什麼！這一大盆都要挑揀嗎？就我一個人可以完成嗎？我只能沮喪地坐在客廳裡挑著臭臭的韭菜，因為當時妹妹們都還非常小（4歲左右），通常外婆會讓她們繼續睡或出去玩，這些活都不會落在她們頭上。接近中午時分，我終於快挑完了，外婆也回家弄午餐給我們這些小毛頭吃。爾後的每一天早上醒來下樓，就是一大臉盆的韭菜等著我挑揀，挑完韭菜的手和指甲，總是黑黑髒髒的，指甲怎麼洗也洗不乾淨，整整一個暑假的時光，我都哀怨地在挑韭菜中度過。

　　有一回午餐時間，一向覺得外食很浪費的外婆，難得帶我們出去吃飯。走著走著到了巷口的麵攤停下，我特別喜歡吃這間麵攤的陽春麵。富有咬勁的麵條，配上清澈充滿油蔥味的湯頭，裡面還有一片瘦肉和一些韭菜、豆芽菜。外婆點好麵，我坐著雀躍耐心等麵上桌，當老闆把麵端到面前，我口水大概也快滴到桌上了。開心準備拿起筷子吃麵時，外婆悄

悄地在我耳邊說：「這些韭菜用的就是我們家的喔！」

「我們家的？」我納悶地看著碗裡的綠色韭菜，原來我每天垮著臉挑的臭臭韭菜，害我指甲黑黑的韭菜，最後竟是來到了這裡？！看著麵店裡生意絡繹不絕，老闆忙得不可開交，一碗接一碗地煮著麵，再順抓一小把韭菜丟進麵網裡，心裡頓時升起了滿滿的成就感與驕傲。這一碗麵吃得格外開心有意義，原來我做了很棒的事，大家都在吃我挑的韭菜呢！

那一年從旗山回宜蘭時，外婆塞了滿滿的韭菜給我們載回北部。隔天媽媽把韭菜切段和雞蛋一起炒，簡單的家常味卻讓我吃得津津有味。這次，換我悄悄在媽媽耳邊驕傲的說：「這些韭菜都是我挑的喔！」

小學的那年暑假，我開始愛上韭菜味。

韭菜炒蛋

材料

韭菜　　1 把
雞蛋　　2 顆
鹽巴　　適量
沙拉油　1 大匙

作法

 1. 韭菜切段備用。

2. 熱油鍋。

3. 將雞蛋整顆打入鍋內。

5. 待炒到雞蛋有香氣，再放入韭菜。

4. 快速在鍋內把雞蛋打散。

6. 韭菜炒軟，最後加入適量鹽巴即可。

媽媽小智慧

雞蛋要整顆打入鍋內，再用鍋鏟打散，因為蛋白和蛋黃分別接觸到熱油，雞蛋才會有香氣。

波霸空心菜

　　說到空心菜，不得不好好介紹宜蘭特有品種，喝溫泉水長大的礁溪溫泉空心菜。巨大的身形與一般常見空心菜個頭完全不同，礁溪空心菜猶如在青春期吃了「等大人」營養品般，高人一等。大大的葉子和特有粗粗的梗，大到和波霸奶茶的吸管同等級，炒起來清脆不軟爛，梗比葉子還好吃。

　　這也是我一直以來印象中空心菜該有的樣子，小時候吃飯更經常把粗粗的梗拿來當吸管吸湯，而且還得要找一段中間沒有節的梗才行。每次餐桌上出現空心菜時，我們四姊妹都會忍不住拿來玩，但下場想當然就是常被媽媽斥責。

　　後來上台北念書，在自助餐裡第一次見到身形乾扁瘦小的空心菜，著實嚇了好大一跳，心裡忍不住嘀咕：「這才不是什麼空心菜，別騙我了，我才不要吃那個奇怪的菜。」

　　一直到後來才知道，市面上普遍都是這種瘦瘦的空心菜，不過細細的空心菜吃起來經常卡到我的牙縫，所以我非常不喜歡。而且在我的認知裡，根深蒂固的只有大大的梗才是空心菜。

　　我也經常不死心的形容我眼裡的空心菜該有的模樣，給身邊的朋友聽，但大家沒見過，在那個 BBcall 年代，電腦也不普及，更沒有谷歌大神搜尋，大家實在難以理解。原來在我的家鄉，我們是如此幸福，能吃到比別人強壯又好吃的空心菜。

　　後來，我把這樣有趣的過去形容給媽媽聽，結果被媽媽白眼唸了一下。才知道，原來媽媽從小就希望我們吃好的，所以去市場總是花錢買礁溪特有溫泉空心菜回家，並不是所有宜蘭人都吃溫泉空心菜的。媽媽的愛心料理，我真的要心存感激，並且再也不鄙視瘦小空心菜。

波霸空心菜

材料

空心菜　1 把
沙拉油　1 匙
蒜頭　　4 瓣
鹽巴　　適量
米酒　　1 小匙

作法

1. 空心菜洗淨切段，菜梗和菜葉分開放。

2. 熱油鍋，加點鹽巴。

3. 放入蒜頭爆香後，放入菜梗先炒一下再放菜葉。

4. 米酒沿著鍋邊倒入。

5. 確認鹹味是否足夠，不足可再加鹽巴調味。

媽媽小智慧

1. 炒青菜時，蒜頭要連皮拍碎，連皮下油鍋爆香，香氣才會釋出喔！

2. 油鍋裡放少許鹽巴，可以防止熱油亂噴。

番茄炒蛋

　　番茄究竟是青菜？還是水果？很多人對這樣食材感到疑惑，但對我來說，只要是跟雞蛋有關的料理我幾乎都喜歡。番茄炒蛋是我心中喜歡的菜色之一，紅色、黃色再加上一點點綠色點綴，像調色盤一樣繽紛的色彩，本來就很討喜，加上味道酸酸甜甜，每每餐桌上有這道菜，我肯定連最後一滴湯汁都不錯過，也不懂怎麼有人能夠抗拒它的美味。

　　但長大後和朋友聊天時，才知道有些人是無法接受番茄炒蛋的，因為在他們的認知裡，番茄是水果，怎麼會拿來炒菜呢，那太詭異了，尤其是把番茄炒到爛爛糊糊的，更令他們不解。人的味覺是一件非常奇妙的事情，通常會無法接受或厭惡某種食物，大多來自過往不好的接觸經驗。第一次嘗試就失敗，往往很難讓人之後再提起信心嘗試，除非你忘了那段不好的經驗。

　　在南部，番茄台語又稱「柑仔蜜」，而且還有一個特別道地的蕃茄吃法，就是沾醬油膏食用。採用帶綠的「黑柿仔」大番茄，用滾刀切成大塊，用醬油膏、甘草、糖粉、薑泥混合製成的沾醬食用；看似不相干的

食材擺在一起，竟然出奇地對味。沾醬吃起來甜甜的帶點薑味，溫和了番茄的涼感，雖然不是每個人都能接受，但小時候跟著媽媽回南部阿嬤家時，一定要來上一盤解饞，所以早就習慣了這一味。

番茄是在荷蘭統治時帶進台灣耕種的，據傳會演變出這樣的特殊吃法，是因為台灣人無法接受番茄的特殊氣味，於是加入漢人習慣的方式，用薑去腥，意外好吃且流傳至今。

人的味覺通常是從生長環境啟蒙，父母的喜好也會影響著孩子。從原生家庭帶給我們的基本認知，一直到自己有能力探索世界的味道，是一件非常有趣的味覺旅行。關於蔬果的身世，我還聽說過，有人無法接受香蕉是水果這件事，因為他認為香蕉沒有水分，根本稱不上是水果，也令我好奇他對香蕉的心路歷程是什麼。

番茄炒蛋

材料

小牛番茄　5 顆，約 410g
　　　　　（或 2 顆大番茄）
蔥　　　2 支，切小段，將蔥白挑出
雞蛋　　2 顆
鹽巴　　1/4 小匙
糖　　　1 小匙
水　　　半碗
豬油　　1 大匙

作法

1. 熱一小鍋水，放入整顆番茄，水微滾後取出番茄，將皮去除乾淨。

2. 番茄切小塊。

3. 熱鍋放入豬油，待豬油全融化，放入雞蛋。

4. 放入雞蛋後不急著翻炒，待周圍有些許凝固後，再開始將雞蛋炒散。

5. 放入蔥白繼續將蛋炒到有香氣散出。

6. 放入番茄拌炒。

7. 稍微翻炒後放入半碗水，稍微煨煮，放入糖、鹽巴調味。

8. 煨煮至番茄軟爛，起鍋前放入蔥段，稍微拌炒即可。

醬油番茄

材料

材料	份量
黑柿仔番茄	2-3 顆
甜味醬油膏	2 大匙
薑泥	1 匙
糖粉	1 匙
甘草粉	1/4 匙

作法

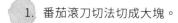

1. 番茄滾刀切法切成大塊。

油

膏油辣醬

2. 將所有醬料混合在一起，番茄沾醬即可食用。

雜菜（白菜滷）

　　我一直以為這道菜是用剩菜全部加在一起隨便炒，所以媽媽將之命名為「雜菜」。這道菜非常好吃，白菜明明也不是海鮮，為什麼熬煮起來卻有一股鮮甜味呢？所以這道菜在我們家也是一道秒殺菜色。媽媽的雜菜，其實只使用了簡單的爆香雞蛋和香菇、蒜頭、蝦皮等，或是看冰箱有什麼就加什麼，最後再加入主角白菜一起熬煮。有時候餐桌上可能就只有一鍋滷肉和一大盤的雜菜，卻足夠我們吃得津津有味。

　　長大後我才知道這道菜不是叫做雜菜，它可是有個接地氣的好聽名字叫做白菜滷，在小吃攤經常可以見到，是一道非常傳統的菜色。小吃攤常見的白菜滷，裡頭大多沒有雞蛋，但一定會有炸過的豬皮，吸飽湯汁後，QQ 的口感搭配滿滿的湯汁，相當美味下飯。

　　在宜蘭有一道宴客菜叫「西魯肉」，用料比家常或是小吃攤上的白菜滷更為豐盛，包括扁魚、蛋酥、香菇、木耳、紅蘿蔔、魚皮和大白菜。而西魯肉的由來，據說是早期物資缺乏的年代，省吃儉用的宜蘭人為了不浪費食材，把辦桌後剩下的食材全部煮在一起，演變成為現在的宴客菜西魯肉。這道菜我最喜歡的就是鋪在菜上面的蛋酥。將蛋打散後，淋

在漏勺上，蛋液通過漏勺掉進油鍋裡，炸成一小粒一小粒香香的蛋酥，蛋酥吸飽湯汁後更加美味，就如同炸過的豬皮一般。

　也許就是因為宜蘭有這道傳統勤美的西魯肉，所以媽媽總是說自己隨便煮的這道是雜菜。但不管是雜菜、白菜滷還是高級的西魯肉，都一樣是道美味鮮甜好吃的菜餚。

雜菜（白菜滷）

材料

大白菜	半顆
雞蛋	1 顆
蒜頭	4 瓣
蝦米或蝦皮	少許
乾香菇	3 朵，泡水備用
黑木耳絲	少許
醬油	1 匙
鹽巴	少許
水	2 碗（含泡香菇的水）
紅蘿蔔絲	少許

作法

1. 熱油鍋，爆香雞蛋，將雞蛋整顆打入，快速攪散。

2. 加入蝦米或蝦皮、蒜頭、香菇爆香。

3. 待香氣出來，加入紅蘿蔔絲、木耳和大白菜。

4. 加入醬油稍微拌炒，再倒入
   備好的水熬煮，最後加入鹽
   巴調味。

5. 大白菜熬煮到喜歡的軟度
   即可。

紅菜（紅鳳菜）

　　紅菜，一種充滿神秘色彩的蔬菜，又稱做紅鳳菜。第一次看到它在餐桌上時，我們都瞪大眼睛直挺挺地看著眼前這盤怪異的東西；外觀看起來像蔬菜，但底下的汁液卻有如血液般紅通通的，帶點紫紅色。媽媽只輕描淡寫的說：「這個叫做紅菜，本來就是長這樣，很正常，吃就對了。」帶著狐疑的心情，還是乖乖聽媽媽的話吃下肚。紅菜吃起來和一般青菜沒有太大的差異，不難吃也不特別好吃，味道很普通，只是它的長相實在不討喜。

　　有一陣子可能是正值產季的關係，媽媽中午經常會炒這道菜上桌。但是她又千交代萬交代：「這個菜你們只能中午吃，晚上不能吃喔！」面對我們的不解與追問，媽媽只丟下一句：「不能吃就是不能吃啦，女生只能中午吃，男生才可以在晚上吃，不要問這麼多。」然後就忙其他事去了，留下一頭霧水的我們。

　　我內心的小劇場不停上演各種畫面：這個菜到底有什麼秘密，長得這麼奇怪，又只能在中午吃？而且為什麼男生可以在晚上吃，女生卻不行？好不公平喔！連青菜都要歧視女生……正當糾結地思考時，姊姊偷

偷告訴我，這盤紅色的菜，其實是來自地獄的血，是長在地底下的青菜，地底下因為埋有很多死掉的人，所以這個菜才會滲出紅色的血液。聽完她說的話，我內心感到非常恐懼，滿腦子浮現地底下埋著屍體的驚悚畫面。再望向眼前這盤紅紅紫紫的菜，再也不敢夾一口來吃。

長大後，無意間跟姊姊聊起紅菜這件事，她才一派輕鬆地說：「喔！那個是騙你的啦！因為我從朋友那裡聽說時，覺得很可怕不敢吃，所以就把故事也講給你聽，想說有人一起作伴而已啦。」原來無知的我竟然這樣被騙了這麼久……。後來媽媽也很少再炒紅菜了，因為除了她和爸爸之外，都沒人敢吃。

其實紅菜的營養價值很高，含有豐富的鐵質，是造血的好食材，有「天然補血劑」之稱，是非常好的蔬菜。但因為屬性偏涼，中午時人體陽氣較旺盛，所以才會建議在中午食用，而不是什麼女生只能中午吃，男生則能在晚上吃的歪理，這次我可不會再上當受騙了。

打某菜（台語），指茼蒿、大陸妹等蔬菜。

由來是因為這些水分多的葉菜，加熱後水分釋出，菜量變小，從一大把蓬蓬的菜，因烹煮而縮水，古時候丈夫會因此而生老婆的氣，覺得老婆怎麼把菜煮得變少了，所以打老婆，稱為打某菜。

紅菜（紅鳳菜）

材料

紅菜　1 把
麻油　1 大匙
薑絲　少許
鹽巴　適量

作法

1. 熱油鍋。

2. 用麻油煏香薑絲。

3. 加入少許鹽巴。

4. 加入紅菜拌炒，可適時加一些些熱水幫助蔬菜熟透。

5. 確認鹹味，不夠可再加點鹽調味，完成。

媽媽小智慧

台菜可以在熱炒的過程中，適當加入少許熱水，使食物有充份的熱氣快速均勻熟透，也可以避免使用過多的油量，是讓食材不容易「臭灰搭」（台語「燒焦」）的好方法唷！

有時候媽媽會一爐煮湯，一爐炒菜，當炒菜需要加點水時，她也會直接撈旁邊的高湯來代替熱水使用。

豬肉攤

家常滷肉（三層肉）

　　小時候家裡餐桌上很常見到一大鍋滷肉，因為方便就能解決一大口子的胃。媽媽的滷肉，是不放滷包或八角、可樂的口味，只單純的用醬油提出豬肉的香氣。滷肉用的是三層肉，一層瘦肉一層肥肉再一層 Q 彈的豬皮，一口咬下能吃到多層次的口感。不敢吃肥肉的人，也可以用油花分布均勻的梅花肉來代替三層肉。

　　我最喜歡一口肥肉一口飯搭配著吃。白飯可以沖淡肥肉的油膩感，兩個互相交融出的滋味，嚐過的人都會愛不釋手，懷念再三。

家常滷肉（三層肉）

材料

三層肉　670g 切成大塊狀
蒜頭　約 6 瓣
醬油　1/3 杯
水　　1+1/2 杯
烏醋　1 大匙
冰糖　1 匙（依個人喜好斟酌）
辣椒　1 條

作法

2. 煸炒三層肉，炒至外表稍微上色。

1. 炒鍋內放入少許油。

3. 放入蒜頭爆香。

4. 加入醬油、水、烏醋、冰糖等調味料。

5. 水必須要淹過材料高度。

媽媽小智慧

雖然豬肉加熱後也會產生豬油，但在第一個步驟先加入少許沙拉油，可幫助豬油更快釋放油脂。黑醋可以降低豬肉的油膩感，以及提出豬肉原始香氣。冰糖用來替代砂糖，可以增加滷肉的色澤，使滷肉在視覺上更添美味，是最天然的風味秘訣。

6. 燉煮至豬肉軟化即可，時間大約30 分鐘～ 1 小時。

乾煎三層肉

　　這道菜是平民的美味料理，更是台版「白飯小偷」，每次餐桌上有它，我們就會多吃好幾碗白飯，不太青睞其他菜色。鹹香的豬肉一口咬下，可以吃到非常 Q 彈的豬皮香，再配上一口白飯綜合鹹味，口感超級美妙～！

　　最簡單的料理法，只需要抹上鹽巴就能完成一道美味菜，也最能引出食物本身的原味。大妹最喜歡的一道菜色，就是一口金黃絕妙焦香的三層豬肉，搭配一口粒粒分明的白飯，在嘴裡互相碰撞出的美妙滋味，就連她的 5 歲兒子也愛不釋手，每次回家裡吃飯，總是跟外婆討著要吃「若若」（發音不標準的肉肉之意）。

乾煎三層肉

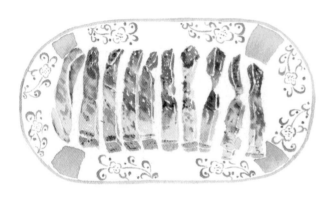

材料

三層肉　約 440 克，厚約 1.5cm
鹽巴　　1.5 大匙
沙拉油　2 大匙

作法

1. 三層肉兩面灑上鹽巴，若市場買來的三層肉比較長，可切成兩片。

2. 熱油鍋，看到鍋內冒出白煙，就代表油鍋已熱。

3. 放入三層肉，以中小火慢
   煎。第一次約 3 分鐘可翻
   面。

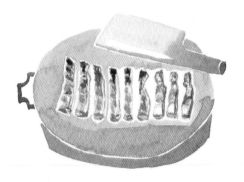

4. 煎至兩面金黃，起鍋前再用
   大火逼出油。

5. 起鍋放涼，切片即可。

東坡肉與知高飯

　　文豪與流氓的一線之隔；一樣是滷肉，名稱跟待遇卻差很多，一個是上流詩人代表，一個則是地痞流氓，各有各市場，各有各所愛。

　　東坡肉用的是五花肉，一半肥肉一半瘦肉，滷汁中加入紹興酒。講究的是滷完後的成品，要像豆腐一樣堅挺方正，下鍋之前，必須先用麻繩或草繩，將切好的方塊五花肉綁牢固定，這樣在滷製的過程中，豬肉才不會因為軟化而導致形狀散掉，以名模般的姿態展現在餐桌上的伸展台。

　　知高飯（台語「豬哥飯」）其實也是控肉飯，只是稱謂不同，用的則是後腿肉。製作方法是將長約 10cm、厚 5cm，一半肉一半皮的肉用牙籤從中固定，進滷鍋慢火熬煮。最後擺在大碗白飯中，淋上滷汁，與萬年好搭擋滷筍絲一口扒進嘴裡滿足味蕾，屬於市井小民的高級東坡肉。

東坡肉

材料

五花肉	1.5 斤
醬油	100g
冰糖	1 大匙
薑	4 片
蒜頭	6 瓣
青蔥	2 根
紹興酒	200g
棉繩	適量
沙拉油	1 大匙

作法

1. 五花肉切正方形，約 5 X 5cm 大小（可自行調整），綁上棉繩固定。

2. 取一鍋子，將水煮沸後，汆燙五花肉至表面無血水滲出，撈起備用。

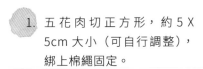

3. 起油鍋，放入冰糖，小火將冰糖融化至焦糖色澤。（要小心燒焦）

4. 接著放入蔥白、薑片、蒜頭爆香。

5. 放入五花肉微煎上色。

6. 加入醬油、紹興酒、蔥綠、水，淹過食材，大火煮開後，轉小火慢燉約 1.5 小時完成。

知高飯

材料

蹄膀（後腿肉）	1 份
蒜頭	6 瓣
沙拉油	1 大匙
青蔥	2 根
辣椒	2 根
醬油	1/2 杯
冰糖	1 大匙
米酒	1 杯
竹籤	約 11 支
水	適量

作法

1. 蹄膀皮與肉分別切成長條狀，再取一塊肉與皮用竹籤串成球狀。（生豬皮非常厚實不容易穿過，可串在豬皮白色油質部分，固定形狀即可）

2. 取一鍋子將水煮沸，汆燙蹄膀後，撈起備用。

139

3. 起油鍋，爆香蒜頭、辣椒、
   蔥白。

4. 加入蹄膀和冰糖微炒。

5. 接著加入蔥綠、醬油、米
   酒、水（水量要能淹過食
   材）。

6. 大火沸騰後轉小火，慢滷約
   1.5 個小時即可。

白切肉（蒜泥白肉）

　　我特別愛吃豬肉，常常聽別人說豬肉有個味道，但我覺得，那就是豬肉的香味啊！尤其白切肉，更是能夠充分展現豬肉香氣的一道菜色。

　　小時候不懂這道料理在中式菜餚裡的重要性，總是覺得媽媽一定是天天煮菜餵養我們累了，所以隨便燙個豬肉就想敷衍我們，反正她煮什麼，我們吃什麼，因為我們四姊妹幾乎不挑食。不過，由於我真的很愛這道菜，所以就算媽媽天天端出這道料理，我也不會覺得膩。而且白白的三層肉旁邊，一定會搭配黑黑的蒜頭醬油，一白一黑，入口有豬肉香，還有蒜頭調和了油膩感，算是平民美食中的佼佼者。

　　長大後才知道，要把白切肉料理得好吃也不容易，看起來愈簡單的料理才愈是不簡單。蒜泥白肉是川菜菜系，除了豬肉要汆燙得 Q 彈有口感之外，最重要的是沾醬，一定要用醬油膏才對味，而且蒜要用蒜泥而不是蒜末。媽媽常因工作忙碌沒這麼多時間磨蒜泥，不過光是她選用的肉燙起來就已經夠讓人垂涎三尺，就算沒有蒜泥，沾點媽媽的獨門醬料也足夠讓我們扒好幾碗飯了。

白切肉（蒜泥白肉）

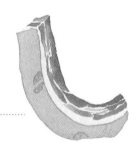

材料

三層肉　約600克
薑片　　6片
米酒　　2大匙

作法

1. 取一鍋子將水煮滾。

2. 加入薑片和米酒。

3. 放入三層肉，過程把浮起的
雜末撈起，保持水的乾淨，
待筷子插入肉裡沒有血水即
可撈起。

4. 放涼後切片。

5. 把沾醬食材全部混合，用肉
沾醬即可食用。

沾醬

醬油膏	2.5 小匙
蒜末	1 小匙
烏醋	1 小匙
香油	1/2 匙

豬舌頭

印象中，小時候的餐桌上偶爾會出現一道看起來像是豬肉，但又不太像的肉料理，吃起來口感有一點脆脆的，不過因為它有著我最愛的豬肉味道，所以我特別愛吃。雖然從來不知道它是什麼，但還是常常跟媽媽點餐，吵著要吃這道料理。

有一次媽媽從市場回來，我趕忙上前追問：「有沒有買我愛吃的、脆脆的那個？」媽媽在屋裡忙東忙西，不耐煩地回答：「有啦！你不要去翻菜喔！」這句話我當下的理解，是媽媽怕我把東西弄亂，嫌我煩。

我沒有多加理會，開心地奔到廚房，翻找放在桌上一袋袋裝著食材的紅白塑膠袋。突然，其中一袋映入了一個讓我永生難忘的畫面，我帶著驚恐的心情，走到客廳邊抖邊問媽媽：「那是什麼……」我感覺媽媽似乎在內心翻了好幾個白眼，沒好氣地回我：「就是你愛吃的啊，豬舌頭……就叫你不要去翻！」

一向不挑食的我，當天一口豬舌頭也不敢夾，小小心靈真的受到了驚嚇。媽媽也沒有特別責怪什麼，只是一直解釋著：「這就是你喜歡吃的啊，哎呀，這也沒什麼啊……」

　　原來媽媽以前都要趁我們不在的時候趕緊處理這道菜，不讓我們看到原型，以免嚇到不敢吃。我也是從這次才知道，每天忙碌著工作還要照顧我們的媽媽，煮個菜還要顧慮這麼多，真是好辛苦。

　　雖然那天我一口都不敢夾，但為了不給媽媽帶來困擾與難過，往後的日子，如果餐桌上有這道料理，我也都會相當捧場掃光光。雖然，那一幕在我腦海裡還是揮之不去，但實在還是無法抵擋媽媽的好手藝，偏偏，我又是個標準的吃貨呢。

豬舌頭

材料

豬舌頭　1 份
薑片　　8 片
青蔥　　1 根
米酒　　1 碗

作法

1. 取一鍋子將水煮至沸騰。

2. 放入豬舌、薑片、青蔥、米酒。

3. 水滾後，關小火慢燉約 25
   分鐘，確認豬舌熟透。

4. 取出放涼後切片沾醬即可。

沾醬

蒜末　　1 小匙
醬油膏　1 大匙
香油　　1/2 小匙

黑木耳炒肉絲

　　小時候吃羹類、湯類、炒麵時，很討厭吃到黑黑乾乾的木耳，覺得吃進嘴裡難咬又沒味道，真不懂為什麼菜餚裡要放這種不美觀的食材。

　　一直到吃到媽媽炒的黑木耳肉絲，才讓我對這黑黑的條狀食物改觀。原來媽媽所用的黑木耳是新鮮的，口感有些Q彈、脆脆的；如果是用厚一點的黑木耳，還可以吃出中間帶有一點果凍的感覺。媽媽說那個叫做膠質，而黑木耳膠現今更被視為養生聖品。

　　另一種是乾木耳，就如乾香菇一樣，食用前需要先泡水軟化，使木耳吸收大量水分還原成原本的樣子，而乾木耳的口感就是我不愛的。新鮮的黑木耳可以在市場裡的菜攤，或是素食豆類的攤子買到；乾木耳則需要去乾貨區購買，通常會和乾蝦米和豆皮放在一起。

　　有一回朋友來家裡作客，我少買了一樣黑木耳食材，便請朋友順道一起幫我買過來。當朋友走進廚房把一包乾木耳放在桌上時，我內心超崩潰的吶喊：「天啊！怎麼會有人買乾的，我想要吃新鮮脆脆的黑木耳

啊。」深呼吸了好幾次掩飾內心的失望，之後和朋友討論起為什麼他會買乾貨而不是選擇新鮮的黑木耳？朋友訝異地回答：「咦，我家都是用這種黑木耳，我平常很少進廚房，不知道還有新鮮的黑木耳呢！」

這才讓我了解，原來家家戶戶的用菜偏好習慣真的大不同，在我們家絕對不會出現乾木耳這種食材，外出用餐也會很嚴格的看店家使用的是乾貨還是新鮮的，不是新鮮的黑木耳我就不吃。所以那包朋友幫我買的一整包乾木耳，我再次展現勤儉持家的個性，花了好長一段時間才將它吃完。

但還是必須幫乾木耳平反一下，因為這樣的用菜習慣，讓我真正去了解乾木耳和新鮮木耳的差異。除了口感上的不同，其實乾木耳的營養成分居然還比新鮮木耳來得高，因為經過乾燥的過程，能使黑木耳釋放出更高的營養成分，所以它可是非常好的食物喔！

只是……我還是喜歡吃新鮮的。

黑木耳炒肉絲

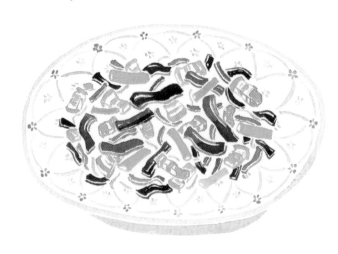

材料

新鮮黑木耳	約 150g 切絲
肉絲	約 100g
	（依個人喜好斟酌）
紅蘿蔔絲	適量
薑絲	適量
青蔥	2 條，將蔥白和青蔥
	切段備用
鹽巴	適量
沙拉油	1 大匙

作法

2. 加入豬肉，炒至微熟。

1. 油鍋熱，放入薑絲爆香。

3. 依序放入白蔥段、紅蘿蔔
   絲、黑木耳絲。

4. 加入鹽巴調味，期間可視狀
   況加入少許熱水，避免乾炒
   導致燒焦。

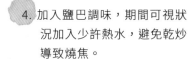

5. 起鍋前加入青蔥拌炒一下，
   就可以上桌囉！

媽媽小智慧

爆香的重點是用薑絲，而不是
蒜頭，會讓這道菜吃起來有清
爽的口感。

魚攤

家常煎魚

　　因為住在南方澳，加上爺爺是漁夫的關係，所以我家餐桌上總是會出現煎魚這道菜色，最常見的是秋刀魚、鯖魚或白鯧，而且通常都是一條完整的魚。有段時間，我常羨慕住在高雄旗山的阿嬤家，阿嬤家餐桌上的魚都是一大片塊狀形，而且那種橘色的魚刺比較少，吃起來容易多了，為什麼我家都沒有。

　　小時候，白鯧還不是這麼高價的魚種，所以經常在餐桌上出現，現在想吃白鯧，口袋不夠深還真下不了手，尤其逢年過節時的價格更是驚人。

　　我們四姊妹從小就練就一身吃魚的好功夫，當然，這也是經過不知吞了多少魚刺的慘痛經驗累積來的。媽媽總是提醒我們吃魚要小心，小口一點吃，先注意有沒有魚刺再吞進去。如果真不小心吞了魚刺卡在喉嚨裡，媽媽就會叫我們吞一口白飯（一定要用吞的，不能用咬的），或是喝一大口水，總之就是想辦法把卡在喉嚨裡的魚刺吞下肚子去。

有一年暑假，手腳靈活動作又快速的姊姊，被媽媽抓到家裡後面巷子的玉珮工廠一起幫忙賺零用錢，而我在家也沒閒著，早上送媽媽、姊姊出門工作後，我就在家裡客廳摺裝玉珮的小紙盒，整整一個暑假都在做摺盒子的工作。

　　接近中午時間，媽媽就會打電話回家，叫我煮粥並且把冰箱裡的鹹魚先拿出來退冰。中午休息時間，媽媽和姊姊就會回家，媽媽再迅速地煎好鹹魚上桌，那個暑假，我們就天天吃粥配鹹魚。那段時間我在家裡的外號就叫做「魚媽媽」（其實那時我也才小學 5 年級），可能剛好名字最後一個字是宜，台語唸起來像魚，所以外號總是和魚脫離不了關係。

　　煎魚是很多人最害怕的一個步驟，因為把魚丟進熱燙的油鍋，總是會多少濺起油亂噴。所以媽媽教我們一個非常好的方法，能避免手被燙到，也可以迅速地蓋上鍋蓋。

媽媽說，煎魚的油一定要夠熱，若熱度不夠魚皮就容易黏在鍋子上，或是把魚煎爛。當油溫熱了，一手抓著魚尾巴，一手拿著鍋鏟，鏟起魚頭，移動至鍋子裡時，用鏟子緩慢放入魚頭，抓著魚尾的手再順勢跟著放入，這樣一來可以避免在高處就把魚丟下導致熱油亂噴，也能完美地快速蓋上鍋蓋。

　　關於摺盒子，其實還有一個番外篇故事。當時正值小學六年級畢業旅行，但是我們家家境並不寬裕，媽媽很難擠出家用之外的額外畢業旅費，抱持著能省則省，不去畢旅還是能畢業的想法，但是她不好意思直說，便故意出難題讓我知難而退。媽媽跟我說：「客廳裡那堆未摺的盒子，如果在某個期限內沒有摺完，就不能去畢業旅行。」

　　看著客廳堆積成小山的紙盒，我知道自己不可能摺得完，隔天只好到學校跟好友們說明無法參加畢業旅行的原因。好友們一直不死心，希望我也能一起去旅行，開始幫我想辦法要如何才能讓我媽媽點頭，最後結論是她們三個決定一起幫我摺紙盒子。

下課後，好友們分別請各自的爸媽騎車載她們來我家拿紙盒，過幾天摺好之後，再騎車來我家交貨。看到我們的認真，媽媽只好答應讓我去畢業旅行，而且她一定沒想到，這些不死心的小鬼竟然使出這招殺手鐧，這也成了我小學時最難忘的一段回憶。

家常煎魚

材料

白鯧魚　1 條，約 300g
鹽巴　　1 大匙＋ 1/4 小匙
沙拉油　3 大匙

作法

2. 鍋內放入沙拉油，用大火熱
   鍋，放入 1/4 小匙的鹽巴。
   油鍋冒出些微的煙之後，就
   代表油已經熱了。 [1]

1. 白鯧魚洗淨，確認內臟都已
   清出，雙面抹上 1 大匙鹽
   巴，用刀子在魚身斜畫出兩
   道，可以避免內部沒有熟
   透。

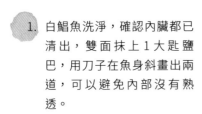

3. 準備放入白鯧魚時，先將火轉成小火，避免油噴濺，放入魚後再將火調成中火。[2]

4. 魚放入後，可輕晃鍋子，避免魚皮沾鍋。

5. 大約 2 分鐘後翻面（視火侯及魚的大小而定），途中必須小心看顧，雙面煎至金黃即可。

6. 將魚起鍋，可淋上少許的剩油，增添香氣。

媽媽小智慧

1. 熱油時放入少許的鹽，可以避免熱油噴濺，也可運用在炒青菜上。

2. 煎魚小技巧：一手抓著魚尾巴，一手用鍋鏟鏟起魚頭，將魚頭緩慢放進鍋子裡，魚尾再跟著放入，這樣就能避免熱油亂噴，也能優雅地蓋上鍋蓋。

海邊人清魚湯

因為地理位置關係，我們總是有許多的漁貨可以吃，其中有些魚特別適合煮湯，例如紅目鰱魚。紅目鰱魚肉細緻，刮掉鱗片的話容易把肉弄爛，所以媽媽總是一整尾下鍋煮，搭配非常多薑絲，起鍋前再倒入一些米酒增添香氣。

我們會一人使用一個盤子，將整條魚放在盤子裡，再用筷子小心輕輕地把魚皮撥乾淨，就能吃到軟嫩的魚肉。當然，有時太心急偶爾也會吃到魚鱗，所以我們總笑稱吃魚真的是在訓練一個人的耐力與決心。

長大後，有一回我將媽媽煮來的魚湯帶給朋友喝，朋友看見這樣簡單清澈的魚湯，便笑著說：「果然是住海邊的人家才會煮的湯，看起來很厲害喔！」我大笑，原來我習以為常的湯，在別人眼裡竟是這麼特別。

正因為魚夠鮮美，才有資格用這樣簡單的烹調方式呈現，不需要過多的調味，只需要薑絲和米酒提味，就能吃到大海最新鮮的味道。這可是住海邊的人特有的福利。

海邊人清魚湯

材料

紅目鰱魚	2 條
薑絲	60g，切絲
蔥	2 支，切小段
鹽巴	1 小匙
沙拉油	1 大匙
香油	1/2 小匙
米酒	適量
水	1300g
	（可依個人喜好增減）

作法

1. 熱鍋後放入薑絲，拌炒至聞到薑香。

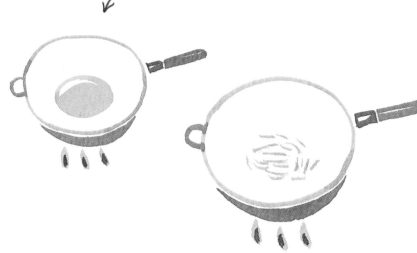

2. 倒入已備好的熱水，待水滾後，將魚放入鍋內。

3. 此時可將火調至中火，避免魚肉沒有熟透。過程中將浮出的雜末撈起，保持魚湯汁清澈。

4. 起鍋前再加入鹽巴、蔥段、
   米酒、香油。

媽媽小智慧

放入熱水時，為了避免煙大，可先轉
小火，待放入熱水後再轉大火。

清炒魚膘

　　小時候餐桌上偶爾會出現一道白色長條狀的料理，我不知道那是什麼，只知道是魚的某個部位。媽媽說那是魚鰾，但無論如何，反正是魚我都喜歡。媽媽會把它和大蒜一起炒，但要非常小心的炒，因為它非常細皮嫩肉，一不小心就會破掉散掉，而且它的口感軟軟的，沒什麼特別的味道，所以爆香的步驟更為重要，才能顯現這道菜的美味。

　　後來才知道，這個白色物體叫做魚膘，也有人叫它魚鰾，但是兩個功能可是大大不同；魚膘則是白色的公魚才有，因為那是魚的精子，而魚鰾是調解浮力的器官。但兩者無論發音或是字體都非常相近，所以經常令人誤解。

　　媽媽說炒魚膘一定要用煙仔虎的，大小剛好容易熟透；如果用烏魚的，容易因為魚白過大而不容易熟透，在翻炒的過程中更容易破損。煙仔虎這個名字我從小聽到大，每次問媽媽這個魚的國語叫什麼，媽媽總是想很久後說：「煙仔虎就是煙仔虎啦。」又問了其他叔叔阿姨，也沒人能為我解答這種魚的國語到底叫什麼。可能鄉下人就是習慣以台語來稱呼它，反正大家都聽得懂。

齒鰆（煙仔虎）白肉

粗利齒

條紋於背上

巴鰹（花煙・三點煙）紅肉

細齒

條紋為波浪狀

魚腹上有黑色斑點

正鰹（煙仔）紅肉

細齒

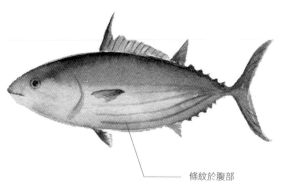

條紋於腹部

後來我才知道，原來大家口中的煙仔虎還真的沒有中文名字，只有學名叫做「齒鰆」。煙仔虎是南方澳海域特別盛產的魚種，和鮪魚一樣同是鯖魚科，但體型比鯖魚來得大，身體圓滾滾。另外，與煙仔虎（白肉）同類型的又有巴鰹（俗稱花煙、三點仔煙）與正鰹（俗稱煙仔），但後面兩者為紅肉魚。其中正鰹也就是鰹魚，多製作成我們熟知的柴魚高湯或柴魚片。

　　這三種相似度極高的魚，同樣都有非常兇猛的利牙，但煙仔虎特別喜歡追捕煙仔，因此煙仔便成了牠的主食兼點心。從煙仔虎的名字上有個虎字看來，便不難想見牠肯定是非常火爆的浪子魚種，產季於每年春天最為肥美。

清炒魚鰾

材料

魚鰾　約 4 片
青蒜　2 支，蒜綠、
　　　蒜白切段備用
薑絲　20g
米酒　1 大匙
鹽巴　適量

作法

1. 熱油鍋，爆香薑絲。

2. 加入魚白、蒜白，待魚白煎
   焦香。

3. 加入蒜青、米酒。

4. 以鹽巴調味即可。

鹹蜆仔

印象中，在我還沒上幼稚園的時候，特別愛吃媽媽做的鹹蜆仔，我可以都不吃飯光吃鹹蜆仔，也可以光吃鹹蜆仔就配一大碗白飯。我愛吃鹹蜆仔的程度，在家要吃、上市場看到吵著要買，上館子吃飯也要媽媽點。但是鈉含量高的食物實在不適合小小孩吃，媽媽因此漸漸不再這麼常做這道料理。

有一天午後，我閒晃到鄰居家玩耍，無意間看見他們家餐桌上放了一盤鹹蜆仔，便貪心地問著長頭髮、長得很漂亮的鄰居姊姊可不可以吃，姊姊用著溫柔聲音笑著說：「當然可以啊，但是裡面那個紅紅的辣椒不能吃喔，吃了會變啞巴。」

登愣～！變啞巴這件事在一個小小孩耳裡聽起來超晴天霹靂，感覺非常可怕，宛如做壞事會被雷公處罰一樣。從那之後，我再也不喜歡吃鹹蜆仔了。媽媽要是早知道，就這樣嚇唬我就好啦。

長大後，偶爾我還是會想念起這道菜。曾經這麼熱愛這道菜，現在我只想拿來當作下酒菜，懷念一下媽媽的味道。

鹵鹹蜆仔

材料

蜆仔　1斤，泡水備用
蒜頭　60g，拍碎備用
檸檬　3片
烏梅　4顆
不辣的辣椒　3條，切片，配色用
會辣的辣椒　1條，切片

不辣的

辣的

調味料

醬油　　4大匙
醋　　　2.5大匙
二砂糖　2大匙
米酒　　1大匙

作法

1. 開火將泡水的蜆仔煮沸，稍微攪拌後關火，將水倒掉。[1]

2. 將備好的材料依序放入。

3. 依序放入調味料，一起攪拌均勻。

4. 放入冷藏，約 3 小時入味即可。放置一晚味道更佳。[2]

媽媽小智慧

1. 蜆仔泡水讓蜆仔打開吐沙，為避免移動時候驚動到又閉合，於是媽媽把蜆仔放在爐子上，吐沙乾淨就可以直接開火囉。

2. 放入冰箱冷藏後，可隔一小段時間取出，稍微攪拌，讓味道可以更充分入味。

土鴨

雞肉攤

白斬雞

　　每次拜拜的時候，媽媽都會上市場買白斬雞或是煙燻雞回來。不知道從什麼時候開始，彷彿嫌自己還不夠忙的媽媽，竟在家裡動手自己熬煮白斬雞。一開始的時候，媽媽是用蒸的來料理雞肉。超大的鍋子外頭裝水，裡頭再用小鍋子裝全雞，在爐子上蒸煮好久好久，滴出來的雞汁，媽媽會在裡頭加點鹽巴，吆喝四個小孩都來喝上一口，這大概就是現在市面上所謂的營養雞精吧。好香好甜又有點燙口的雞汁味，一點點的鹹味化解了雞油的油膩感，那個味道我至今都忘不了。接著，我們四個小孩又會開始搶著分食雞心、雞胗和雞肝。

　　後來媽媽又有了新煮法，用滾水開始熬煮全雞，雞肉比用蒸的口感還多汁。這樣的熬煮方式不用放任何調味料，就只是水煮，但判斷是否熟透是關鍵，煮太久肉會老，煮不熟就會毀了這道菜。媽媽總是不疾不徐地進廚房檢查，一臉老神在在。除了水煮，還有個很重要的步驟，就是把全雞從滾水裡撈出來後，要趁熱抹上鹽巴，才能讓鹽巴充分滲透進雞肉裡，然後放涼才算完成。

這種方式每每煮出來的白斬雞，雞皮晶瑩透著水亮，讓我垂涎三尺。煮雞肉的高湯當然也不能浪費，媽媽會用來變成當天的湯品，例如魚丸湯之類的。

　　要剁全雞也不是件容易的事情，媽媽會在地上鋪滿報紙，用厚厚的砧板和大大的剁刀，開始肢解全雞。我很喜歡在旁邊看，一方面覺得可怕，因為媽媽總是把手舉好高往下剁，我好害怕媽媽受傷，一方面又覺得媽媽好厲害，可以把雞肉剁得這麼美，像在市場上販賣的一樣。當然還有最重要的，就是在一旁看的我總是能有一些小福利，偶爾有零星的小碎肉，媽媽就會塞給我，或是給我皮皮吃。每次我都會開心地拿著美味雞肉到客廳享用，沒多久的畫面可想而知，貪嘴的妹妹們就會跟風衝進廚房要雞肉吃，媽媽的白斬雞完全擄獲我們四姊妹的心。

白斬雞

材料

全雞	1 隻，將雞腳塞放進雞肚子裡頭
大鍋子	1 個，可放入整隻雞
水	可淹過整隻雞
米酒	1 大匙
鹽巴	1.5 大匙

作法

2. 抓著雞頭，先讓身體部分浸入水中約 1 分鐘，拿起讓裡面的水流乾後，再浸入熱水裡。這個步驟是要讓雞肚子裡頭的水與外面的水溫是一致。

1. 大鍋子裝水約 8 分滿煮沸（要預留放雞的空間，水不可以太滿）。

3. 雞頭朝下，才不會容易沒泡到水。蓋上鍋蓋大火煮滾約 3 分鐘後，轉小火繼續煮 20 分鐘後，關火悶約 30 分鐘（視雞隻大小斟酌）。

4. 檢查是否熟透，可用筷子插雞腿肉最厚的地方，確定沒有血水流出就可以囉。

5. 趁熱抹上米酒和鹽巴，待涼後就能切塊。（一定要放涼才好吃）

薑絲醬燒雞

　　這道菜我也非常喜歡，切絲的薑煸香後放入煮熟的帶骨雞肉，和醬油、糖一起翻炒，雞肉帶著醬油薑味，炒得微焦的雞皮也因為醬油變更香甜。我特別喜歡吃煸炒的乾香薑絲，一口薑絲一口白飯，在嘴裡充滿醬油薑味的香氣，再搭配一口微焦的雞皮，好吃到可以扒下好幾碗白飯。

　　一直以來，我都以為這道菜是全新的一道料理，從沒想過這是媽媽將剩下那些吃不完的拜拜雞肉所變化出來的菜色。

　　原來每次拜拜完的雞肉吃了幾餐後，總是會剩下很多我們不愛的雞胸肉，不停的加熱吃，就會愈乾愈不好吃。為了不浪費食物，媽媽會把剩餘的雞肉和薑絲一起炒，再加點醬油和糖煸香，竟然完美變身成了另一道佳餚。

　　我想，所有家庭主婦都有這種如何讓食材再回春的困擾，也不得不佩服媽媽的廚藝，總是能讓我們在不知不覺中，把剩菜都吃光光，而且還津津有味，讚不絕口。

薑絲醬燒雞

材料

白斬雞肉塊	
薑絲	20g
醬油	適量
二砂糖	適量
沙拉油	1 大匙

作法

1. 熱油鍋，加入薑絲拌炒。

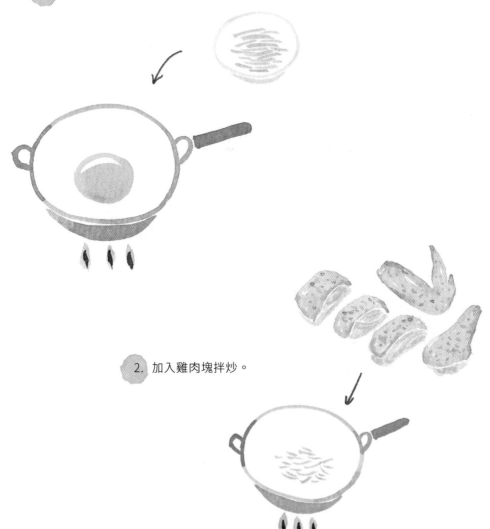

2. 加入雞肉塊拌炒。

3. 依序加入醬油、砂糖、少許
   水。

4. 雞肉塊充分滾上香甜醬油即
   可上桌。

媽媽小智慧

因醬油容易焦掉，所以加入醬油時，
可將火關小，也可以適時加入少許熱
水，避免燒焦。

CHAPTER 3

一道佳餚、一個美味故事

跋山涉水茶葉蛋

我常想，我會這麼熱愛美食，肯定是來自媽媽的遺傳。

我媽超級調皮，不像一般傳統保守的媽媽，她常會做出一些奇特的事情，令人瞠目結舌。例如，有一陣子她特別喜歡吃茶葉蛋，大概是從朋友口中得知，在北宜公路上有間非常好吃的茶葉蛋，於是在週末的時候，媽媽就開著車帶著我們四個小孩一路從蘇澳殺到北宜公路。那可不是家裡巷口便利商店的近距離，光是從蘇澳開車到礁溪大約就要 1 個鐘頭，再繞著北宜的蜿蜒公路直上，到達那間傳說中的好吃茶葉蛋，單趟就需要花上 2 個多小時的車程（媽媽真的超有毅力）。

這間茶葉蛋之所以有名，除了味道好之外，想吃還有一個特別的規矩。

它位在人人聞之色變的北宜公路頂端，剛好是一半宜蘭一半台北的中間，一處由民間發展的休息所。在這個平台上，有許多小攤販，是所有北宜公路往來車子的休息處。大家會在這個中繼站稍作停留，因為繞著遠近馳名的九彎十八拐上來，大家也耗盡一半的精神了，所以會在這裡

稍事休息，吃點小點心放鬆，再繼續出發。

　　茶葉蛋就是這些小攤販的其中一個，這個老闆做生意相當有個性，當你跟老闆說要買茶葉蛋時，老闆會問你司機有下車嗎？他會要求這台車的司機必須先在這裡吃一顆，才會再賣給你其他顆。

　　這其實是老闆別有用心的美意，因為北宜公路是條危險道路，其彎道非常多又容易起霧，但這也是當時還沒有雪山隧道時，台北往返宜蘭的重要道路之一，有許多運送貨物的大卡車或是聯結車行走，一般小轎車要在大卡車中通行相當不容易。

　　有一回我們一家與父母的朋友一台車，從宜蘭出發到台北玩，當時年紀尚小的我，被一位阿姨抱在副駕駛座，後面還有媽媽和姊姊妹妹們。在一處彎道，我們碰上對向的連結大卡車，轉彎時後方加裝的聯結車緩緩地撞上我們的車子。當時坐在前座的我看著這驚險一幕，簡直嚇傻了，眼前一片空白，時間像是完全靜止，只聽得見緊抱著我的阿姨咚咚咚的心跳聲。

所幸，我們這台車只有駕駛座前方的引擎蓋受損，一大家夥人，全都平安無事。但也從那一刻起，我很害怕再聽見心跳咚咚咚的聲音，總會讓我聯想到那次驚險時刻。

　　就是因為道路危險，所以老闆會要求司機本人必須先在店裡吃上一顆稍事休息，另一方面也避免外帶，以免司機邊開車又想吃茶葉蛋時，容易發生交通事故。老闆還貼心地寫了告示牌貼在攤子上，要求大家一定要守規矩。

　　媽媽每次都會特地開車帶我們來吃，等大家都先吃了一顆茶葉蛋之後，再外帶 10 顆，然後開 2 個多小時的車程回家，當作是郊遊。而且為了吃這 10 幾顆茶葉蛋千里迢迢開車上北宜，還不只是偶然一次。

猜想原因，若不是媽媽特別貪吃，難道是因為她很愛開車？我們其實也不曾問她為什麼要跑這麼老遠去買茶葉蛋，只覺得跟家人一起坐車出去玩是很棒的回憶，所以從來也沒想太多。

　　後來雪山隧道通車了，這個曾經是北宜公路頂端的中繼站，人潮開始漸漸沒落。茶葉蛋攤也移到頭城大馬路邊，並且有了一間店面，持續飄香著。

跋山涉水茶葉蛋

材料

雞蛋	10 顆
阿薩姆紅茶	5 包
鹽巴	1 小匙
冰糖	1 大匙
醬油	1/2 杯
水	2 杯
萬用滷包	1 包

作法

1. 電鍋內鍋鋪上兩張沾濕的餐巾紙，擺上雞蛋，蓋上鍋蓋後，按下開關。待開關跳起，再悶 5 分鐘。

2. 取出雞蛋，用湯匙輕敲蛋殼，讓蛋殼表面有破裂紋路，幫助滷汁入味。

3. 所有雞蛋和材料放進內鍋，
   外鍋放 2 碗水，按下開關。

×5

4. 開關跳起後，取出滷包和茶
   葉袋，雞蛋續泡滷汁約 1 小
   時入味即可。

甜在心糖葫蘆

　　媽媽的創舉之二，跟糖葫蘆有關。全宜蘭最熱鬧的地方莫過於羅東，而羅東夜市更是所有宜蘭人最喜歡去、最「踃趴」的地方。在熱鬧的夜市裡，可以買到最流行的服飾，和最新暢銷的音樂卡帶，當然也有最好吃的各式各樣美食。

　　不知道是媽媽迷上了吃糖葫蘆，還是為了要讓我們這群小毛頭在假日不吵鬧安靜一些，媽媽會開著車，大老遠從蘇澳開車來到羅東夜市。雖然這趟路比去北宜近多了，但車程也需要 30 分鐘。每次去羅東夜市，我們就會興奮地一路上在車裡一直玩耍，直到目的地羅東夜市抵達。

　　然後媽媽只會在公園旁的糖葫蘆攤買 10 支糖葫蘆；這間糖葫蘆說好吃，其實也一般般，和其他地方糖葫蘆味道沒有太大不同。最特別之處，在於這家的糖不加紅色色素，而是麥芽糖的自然色澤。一串串被麥芽包裹著的草莓，閃閃發亮，看起來特別可口。有別於其他攤家會在每顆草莓糖葫蘆底下，串一顆番茄，老闆的糖葫蘆是扎扎實實整串的草莓。

一串 20 元的糖葫蘆，一次買 10 串，老闆還會多送你一串，讓買的人心滿意足。接著我們就拎著一袋糖葫蘆開車回家，只是每次都還沒有抵達家門口，11 串糖葫蘆就會被我們四個小孩吃完，所以媽媽每次都要邊開車邊叮嚀再三，不能全部吃完，要留一串給爸爸。

　　這樣的情景，在週末的夜晚三不五時就會上演一次。每次前往羅東夜市真的就只為了買 10 串糖葫蘆，買完就回家，沒得逛街。可能媽媽怕逛了街，荷包會更傷吧。

　　這間糖葫蘆攤至今還開在夜市公園旁，只是現在長大了，我們不敢在晚上吃這麼甜的食物，而且這些年物價高漲，草莓糖葫蘆早已不是 20 元的價格，而草莓串底下，也出現了一顆番茄的創意串法。不過這段記憶對我來說，就像那鮮紅的糖葫蘆一樣，深刻烙印在我心裡。

甜在心糖葫蘆

材料

二砂糖	200g
水	100g
草莓串或其他水果	
冰水	（少許）

作法

1. 取一有把手的平底鍋（鍋子太深不好裹糖衣，把手可以控制鍋子的角度）。

2. 加入砂糖、水。大火煮沸待冒大泡泡後，轉小火，期間不需要攪動，只需輕輕搖晃，讓鍋子上的砂糖分量均勻即可。

3. 待糖水變色，取少許糖衣，滴入冰水中，可凝固就代表完成。

4. 快速將草莓串裹上糖衣，放置盤中待涼即可。

情人的眼淚（雨來菇）

媽媽的創舉之三。某次帶男友的父母與媽媽見面，提議來宜蘭一日遊，由媽媽充當導遊。一行人在雨後的南方澳豆腐岬散步，一邊觀看著海浪拍打礁岩的美景，一邊聊天。媽媽忽然指著地面冒出許多黑黑的東西雀躍驚呼：「下過雨果然就出現了，這個可以吃！」說完便彎下腰開始撿拾，手捧了一堆沒地方收，還去垃圾桶翻找了一個看起來比較乾淨的袋子盛裝。男友父母見狀也一頭霧水開始幫忙撿，而且還幫忙去垃圾桶找更多的塑膠袋……一旁的我看到眼前這一幕差點沒靈魂出竅，想制止又不知該如何開口，只見一群人很認真地在撿拾地上黑黑的不明物體。

後來才知道，原來這是原住民口裡傳說中「情人的眼淚：雨來菇」。雨來菇是一種藍綠藻，又稱地皮菜、草木耳，無法由人工培育，只有在雨季過後才會冒出頭，因此有情人的眼淚這種浪漫別名。野生雨來菇低熱量，富含高纖維、各種維生素及人體所需氨基酸，營養價值極高，更被視為雨中珍寶。

不過雨來菇並不是菇，而是藻類，沒有水的時候呈現萎縮狀，遇到水就會膨起來，與菇類並沒有什麼關係。吃起來軟軟脆脆，口感介於黑木耳和海藻之間。近年，拜科技發達所賜，終於可以成功培育出雨來菇，在各大連鎖超市也能買得到，不再受限於只能在雨季後才能採收稀有的野生雨來菇，隨時能大啖雨來菇的美味。

情人的眼淚（雨來菇）

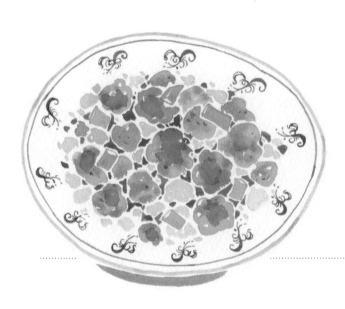

材料

雨來菇 約 150g
雞蛋 2 顆
蔥花 少許
鹽巴 少許

作法

1. 雨來菇汆燙約 30 秒去腥備
   用。

2. 熱油鍋，炒香雞蛋。

3. 加入雨來菇拌炒。

4. 鹽巴調味，起鍋前灑上蔥花。

豆芽菜

　　小時候家裡餐桌上常常出現豆芽菜，白白一條條的，搭配一點點綠色韭菜，配色相當好看。吃起來爽脆的口感和清淡口味，讓我百吃不膩，總是大口大口地把豆芽菜塞進嘴裡，享受那清脆的咬感。

　　來到台北之後，讀的是夜間部，白天時間當然不能浪費，因此找了一份傳統卡通公司助理妹妹的工作，賺點自己在台北的零用錢與房租，好減輕媽媽的負擔。

　　中午休息時間，我常和公司裡的大姊姊們一起到公司附近的小餐館或麵攤用餐。記得有一次，到了自助餐後，第一眼看到豆芽菜，便毫不猶豫地夾了大大一坨放在餐盤裡。公司的大姊姊見狀，覺得有趣笑了起來，偷偷在我耳邊說：「妹妹啊，你怎麼來自助餐夾這麼便宜的菜，傻傻的，豆芽菜是最便宜的菜耶，來這當然要夾一些貴的啊。」

　　我聽完後，無法意會她的意思，只能跟著傻笑。我不知道豆芽菜的身價多少，單純只是喜歡它的口感。不過後來我變得有點害怕在自助餐裡

夾豆芽菜，因為姊姊那句「它是最便宜的菜」，總在我腦海裡揮之不去，感覺那是寒酸的人在吃的，初出社會害怕被取笑的心情，不斷浮現。

其實公司裡的大姊姊特別關照我。雖然以當年 16 歲的年紀來說，我的薪資不算低，但每個月我總會寄錢回家給媽媽，僅留一點當自己的生活費。而且讀美工科是出了名的花錢，用具材料總是佔去我不少費用。有幾回午餐根本就拿不出錢吃飯，偶爾吃吃吐司就過了一餐，只能要自己節省再節省。

好幾次，大姊姊午休外出用餐叫上我，但我荷包有限，不好意思說沒錢吃飯，只好推託肚子不餓，想要在辦公室休息就好，於是就乖乖留守總機位置，趴著午睡休息。有次午休後抬起頭，竟看見桌上擺著一碗熱騰騰的麵，大姊姊什麼都沒多說，只帶著微笑催促著：「幫你買了麵，趁熱快點吃。」

大姊姊將我的難處看在眼裡，適時地幫助我，對一個離鄉背井的孩子來說，那股溫暖，至今還一直留在我的心中。

豆芽菜

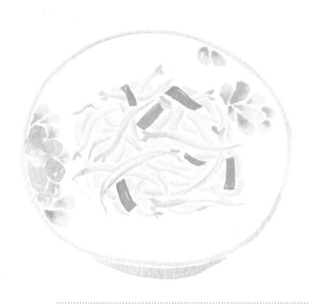

材料

豆芽菜　1 包
蒜頭　　4 瓣
韭菜　　2 支（傳統市場買豆芽菜，
　　　　　　　通常裡頭都會附上兩支韭菜）

沙拉油　1 大匙
水　　　少許
鹽巴　　適量
白胡椒　適量

作法

1. 熱油鍋，加入蒜頭爆香。

2. 加入豆芽，大火快炒，再加
   入韭菜段。

3. 從鍋邊淋上少許的水。

4. 加入鹽巴和白胡椒調味即可
   上桌。

地瓜葉

　　小時候，媽媽經常會到家裡對面的稻田邊，摘回好多好多的地瓜葉。地瓜葉的梗又粗又長，放學回家的第一件事，就是幫忙挑菜，把地瓜葉梗外圍較粗的纖維撕掉，再把地瓜葉折成一小段一小段，好讓媽媽晚餐可以直接下鍋炒。

　　地瓜葉有股特殊的菜味，因為從小吃到大，我便自然地喜歡且習慣這個味道。長大後在外吃飯，也經常喜歡點一盤地瓜葉當作燙青菜，上市場也喜歡買地瓜葉。只是漸漸的，地瓜葉變成了不是這麼廉價的菜，而且超市賣的地瓜葉和我小時候吃的也長不一樣。可能都市人討厭挑菜，所以超市裡賣的地瓜葉，幾乎都是最嫩的前端，梗都不長，買回家洗洗就可以下鍋炒。

　　回老家時，跟媽媽討論起小時候田邊的地瓜葉，媽媽說那是種田的鄰居特別開放給她摘取的，可不是人人都有的福利。而且在媽媽小時候，地瓜葉其實是拿來餵養豬仔，給豬吃的。因為在旗山鄉下，地瓜葉就像路邊雜草一樣，胡亂生長，農家們就會用大自然孕育的免費飼料，養大

豬圈裡的豬，等豬長大了，再換錢回家。

　沒想到，時至今日，地瓜葉變得這麼珍貴，而且是給人吃的，在都市裡也不是隨處就能摘到。超市裡的地瓜葉更是會特別包裝標示有機栽種，當然，價格又翻上了幾倍。

地瓜葉

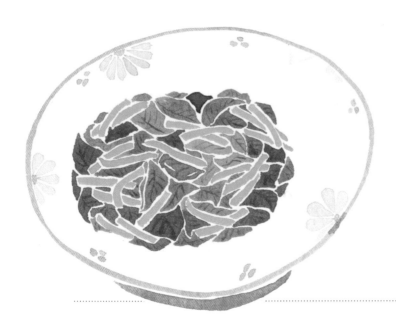

材料

地瓜葉　1把
蒜頭　　4瓣
沙拉油　1大匙
鹽巴　　適量
水　　　少許

作法

1. 熱油鍋，蒜頭爆香。

2. 加入地瓜葉，大火快炒。

3. 鍋邊淋上少許的水。

4. 待地瓜葉炒軟，鹽巴調味即可盛盤。

魚油拌飯

每次吃完乾煎魚後剩下的盤中碎肉，總會讓我們四姊妹上演搶食大戰。

有時候餐桌上，可能只有一道青菜和一盤煎得很香的魚；魚煎好盛盤後，媽媽總是會把煎完魚剩下的油，直接淋在魚上面，因為油很滾燙，淋上去的時候總是會發出噗滋噗滋的聲響，那股魚油香好迷人，每每想到就令我口水直流。

從小在漁港邊長大，我們四個孩子特別會吃魚，總是能把一盤魚吃得乾乾淨淨，連魚鰭邊的小肉也會想盡辦法吃乾淨。一條完整的魚上桌，最後肯定只剩下小時候不太會啃的魚頭，以及猶如考古剛出土的完整魚骨頭。

有次爸爸看我們把魚吃得這麼乾淨，特別跟我們分享了他小時候吃魚的方式。爸爸說，別小看這盤煎魚剩下來的魚油，所有精華可都在裡面。於是爸爸又盛了一碗白飯，把飯倒在煎魚的盤子上，將飯和魚油，以及盤底剩下、夾不起來細細碎碎的魚肉，充分攪拌在一起給我們品嚐。

這一嚐對於愛吃魚的我們來說可不得了，白飯裡充滿了鹹香的魚油和細碎的魚肉，每一口都令我驚豔不已。原來吃剩的魚，還可以有這樣的吃法。就像每次吃完泡麵，剩下捨不得丟掉的香濃麵湯，再盛些白飯進去，就變成「泡麵湯飯」一樣。白飯吸滿了泡麵湯，美味令人欲罷不能，變換出一道料理兩種吃法。

　　學到了這樣的吃法後，每次媽媽煎了魚，我們四個小孩就會開始搶食那最後的盤底之油。更經常為了誰能吃這最後一盤而大吵大鬧。最後的折衷方式，是由大姐盛白飯，然後大家拿著湯匙輪流一口一口吃，這樣就不會有人沒吃到而生氣。我們總是把一盤魚完食得乾乾淨淨，一滴油都不剩，這樣的吃法，想必媽媽也樂得開心。

魚油拌飯

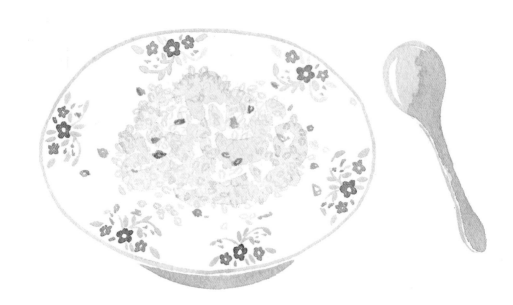

作法

2. 將白飯和魚油、魚肉均勻攪拌即完成。

1. 白飯倒進細碎的魚肉裡。

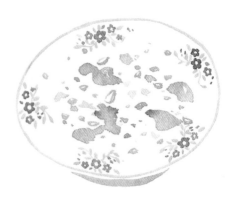

豬油拌飯

　　小時候媽媽喜歡用豬油炒菜，所以她會在市場買生豬油回來自己煸炒出無敵香的豬油，做成一大鍋放冰箱冷藏，需要的時候就挖一點來炒菜。被煸炒到乾的小豬油末也不浪費，有時候加入菜裡一起炒能增添肉味，有時候放在白飯上一起吃，或是剛煸好時盛盤放廚房一角，就會被我們偷偷地一口一口吃掉。

　　記得升上國中後，媽媽知道我不是個會念書的小孩，但那個時期正好是英文被列入國中必修課程，左右鄰居家的孩子，各個都去補習班學英文，媽媽只好勒緊褲帶，硬著頭皮讓我課後再去補習班補習。但說來慚愧，我真的不是念書的料，補了整整一年，除了英文字寫得稍微漂亮點之外，老師教什麼我完全不知道。

　　程度之低，連去了補習還要被留下來輔導，有次老師實在忍不住問我：「你從以前就在我們這裡學英文嗎？」聽到我回答是的，老師的表情，到現在我還記得一清二楚。因為他大概覺得太不可思議了，對於他們充滿自信的教材與師資，怎麼還會教出這種程度的學生。

總之，學英文對我來說，就是頭皮發麻的一件事。而且放學後，只能利用短短的時間吃飯，就得騎著腳踏車去補習班。這個時間，爸媽還在上班工作，無法為我料理晚餐，於是爸爸教我一個他小時候最常吃的菜色，也成為我補習之前的晚餐。

　　爸爸教我的是豬油拌飯；盛好一碗熱呼呼的白飯，再去冰箱裡挖一小匙媽媽自製的豬油，上頭再淋上一點醬油拌開。不知道是我太好養還是媽媽的豬油煸得太香，這樣簡單的一碗豬油醬油拌飯，竟讓我覺得好吃到不可思議，每扒一口飯都覺得幸福無比。從此之後，補習之前我都會吃一碗豬油拌飯當晚餐，也是一天之中我覺得最快樂的短暫時光，足以彌補上英文課的哀怨，得到了滿足的心靈慰藉。

豬油拌飯

材料

豬油　1/2 小匙
醬油　1/2 小匙
白飯　1 碗

自製豬油

1. 肥肉切塊備用。

2. 熱鍋加入少許的沙拉油（可以幫助豬肉快速逼出油脂）。

3. 小火慢炸至豬油粕變成焦糖色，且變得很小很小。

4. 將豬油粕撈起，香噴噴的豬油就可放入容器裡，待涼後冷藏使用。

作法

在熱騰騰的白飯上，加入豬油、醬油，攪拌均勻即可食用。

颱風麵

　　每次颱風要來，最開心的大概就是小孩子了吧。因為住在台灣的東北角，颱風十之八九都在這裡登陸，以至於小時候都覺得颱風天特別危險可怕。颱風天停水停電都是常有的事，我們家後門的小河，以及對面的整片稻田，也常因颱風的到來淹大水。

　　有一年淹水特別嚴重，以往只會從馬路邊淹到家門前的小斜坡，這次不但淹上了騎樓，水還直竄進家裡頭，一路通往二樓的樓梯處。爸媽看到這一幕整個臉都垮了下來，因為一樓的沙發傢俱全都泡湯，連左鄰右舍們也都哀嚎一片。

　　大人們忙著涉水搶救傢俱、家電，我們四個小孩則站在家裡的樓梯上，看著水淹住家的奇景，覺得有點可怕又有點好玩。沒想到看著看著，竟然看見客廳有吳郭魚游來游去，原來是因為隔壁的小河潰堤，魚兒們都游出來了。大人們變得更忙了，整排的鄰居都忙著在家裡抓魚，讓颱風夜的晚餐可以加點菜，這苦中作樂的景象，至今讓我永生難忘。

颱風天媽媽最常煮一道懶人麵，基本上就是看家裡冰箱有什麼煮什
麼，內容大約會有麵條、雞蛋、高麗菜、香菇，然後再加一整罐肉燥罐
頭。也有時候會加高級的茄汁鯖魚罐頭，大概就是看七月半家裡拜拜有
什麼料，就加入麵裡煮來吃。

　　雞蛋和泡開切絲的香菇先爆香，再加上高麗菜絲，加水煮沸之後再加
入麵條和罐頭，一大鍋都快滿出來的湯麵，在颱風天裡享用，特別溫暖。
也因為颱風天的關係，一家人聚集在一起吃飯，好不熱鬧。

　　我們坐在餐桌上，一邊聽著外面咻咻咻的風聲和雨聲，一邊端著熱呼
呼的湯麵吃，在颱風天享用，別有一番風情。媽媽的颱風麵讓每個人都
吃得好開心、肚子好滿足，保證鍋底朝天，一滴湯、一根菜都不會剩。

颱風麵

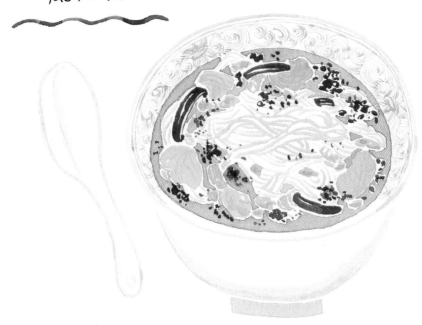

材料　約 2 人份

肉燥罐頭 or 茄汁鯖魚罐頭	半罐
乾香菇	2 朵（泡水備用）
雞蛋	2 顆
蒜頭	3 瓣
肉絲	30g（可有可無）
高麗菜	1/4 顆
麵條	200g
水	1000g

作法

 1. 熱油鍋。

2. 打入雞蛋快速攪散。

3. 加入蒜頭爆香，再放進肉絲
和香菇，充分炒至香氣四
溢，再加高麗菜。

4. 倒入水煮沸。

5. 加入麵條。

6. 最後加入罐頭料。

後記

　　剛出社會的時候，總是喜歡吃西式、日式、韓式，各種不屬於台灣本土的料理，因為那些食物是在脫離家裡生活前鮮少碰到的，對於異國料理總是有滿滿的異國情懷且時髦印象。隨著年紀日漸增長，台胃在不知不覺中慢慢養成，獨自在大城市生活久了，最想吃的卻是媽媽做的飯菜，或是小城鎮街邊的台灣傳統小吃。

　　關於這本書的想法，早在好多好多年前就在心裡萌生。總是掛在嘴邊，卻遲遲未動手執行。

　　因為是自由接案者，天天待在家工作，有時候工作沒靈感想法，或是想逃離當下的工作壓力，我就躲進廚房裡做菜給自己吃。做菜就跟畫圖一樣，畫圖有許多工具和材料，媒介是畫紙，做菜也同樣會用上許多工具和材料，而媒介則換成是鍋子。如何把東西組合起來變成完整的色香味俱全，考驗著創作者的創造力與味蕾。

　之後誤打誤撞在咖啡廳工作了 3 年時光，一邊接案，安安穩穩過著愜意舒服的日子。在咖啡廳工作的這段時間，更讓我發現自己是認真喜愛做料理，對於媽媽的手藝，想傳承下來的念頭也愈來愈強烈。但一邊工作一邊接案，時間被瓜分的所剩無幾，書籍的製作更加遙遙無期，也讓我突然驚覺自己就快要變成一個光說不練的人。我不喜歡這樣，於是最後選擇任性辭掉工作專心創作，讓自己不再用沒時間來作為藉口，繼續塘塞度日。

　有時候我任性，但媽媽更是略勝我一籌。在製作這本書的期間，在很多事情的溝通上真的困難重重，媽媽不能理解我的工作，不懂為什麼這麼平凡的日常，需要這麼費力地記錄下來，關於料理的分量與作法，我們更是來來回回的斤斤計較，有時候，自己也畫到開始懷疑人生。還好當中有姊姊的支持，時常扮演我和媽媽的溝通橋樑，最後才讓媽媽理解這份記錄對我、對她來說，有著多麼重大的意義。如果這本書沒有媽媽這位靈魂人物的幫助，我是完成不了的。

我家媽媽是個非常傳統的優秀台灣媳婦，沒識幾個字，卻有一身從柴米油鹽醬醋茶的生活裡，練就出來的無價知識和好手藝。這本書獻給我最愛的媽媽，以及總是支持我做任何決定的家人。

　　有空，記得回家吃飯。

221

作　　者　　巧可（賴巧宜）
責任編輯　　溫淑閔
主　　編　　溫淑閔
平面設計　　小美事設計侍物

行銷企劃　　辛政遠、楊惠潔
總 編 輯　　姚蜀芸
副 社 長　　黃錫鉉

總 經 理　　吳濱伶
發 行 人　　何飛鵬
出　　版　　創意市集

2AB861

台灣灶咖，家滋味

廚房裡的飯菜香，每個人最想吃的媽媽味料理

發　　行　　城邦文化事業股份有限公司
歡迎光臨城邦讀書花園　網址：www.cite.com.tw

香港發行所　城邦（香港）出版集團有限公司
香港灣仔駱克道 193 號東超商業中心 1 樓
電話：(852) 25086231　傳真：(852) 25789337
E-mail：hkcite@biznetvigator.com

馬新發行所　城邦（馬新）出版集團
Cite (M) Sdn Bhd
41, Jalan Radin Anum, Bandar Baru Sri Petaling,
57000 Kuala Lumpur, Malaysia.
電話：(603) 90578822　傳真：(603) 90576622
E-mail：cite@cite.com.my

客戶服務中心
地址：10483 台北市中山區民生東路二段 141 號 B1
服務電話：（02）2500-7718、（02）2500-7719
24 小時傳真專線：（02）2500-1990～3
服務時間：週一至週五 9：30 ～ 18：00
E-mail：service@readingclub.com.tw

※ 詢問書籍問題前，請註明您所購買的書名及書號，以及在哪一頁有問題，以便我們能加快處理速度為您服務。
※ 我們的回答範圍，恕僅限書籍本身問題及內容撰寫不清楚的地方，關於軟體、硬體本身的問題及衍生的操作狀況，請向原廠商洽詢處理。

※ 廠商合作、作者投稿、讀者意見回饋，請至：
FB 粉絲團．http://www.facebook.com/InnoFair
Email 信箱．ifbook@hmg.com.tw

印　　刷　　凱林彩印股份有限公司
2023 年（民 112）12 月　初版 3 刷
Printed in Taiwan
定　　價　　400 元

若書籍外觀有破損、缺頁、裝訂錯誤等不完整現象，想要換書、退書，或您有大量購書的需求服務，都請與客服中心聯繫。

國家圖書館出版品預行編目資料
台灣灶咖，家滋味：廚房裡的飯菜香，每個人最想吃的媽媽味料理 / 巧可著 . -- 初版 . -- 臺北市：創意市集出版：城邦文化發行 , 民 109.09
面；　公分　ISBN 978-986-5534-08-0(平裝) 1. 食譜　427.1　109010574